Ann-Kristin Mull (Hg.)

Ist öko immer gut?

Ann-Kristin Mull (Hg.)

Ist öko immer gut?
Was Welt und Klima wirklich hilft

Tectum

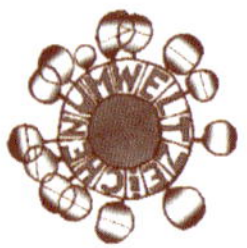

Ann-Kristin Mull (Hg.)
Ist öko immer gut?
Was Welt und Klima wirklich hilft

Mit Beiträgen von: María José Caballero, Thomas Campbell, Ludwig Ellenberg, Jesse Fahnestock, Andreas Fath, Axel Friedrich, Klaus Gabriel, Rainer Grießhammer, Hans Hauner, Hartmut Hoffmann, Stefan Klingebiel, Sandra Krautwaschl, Juan Llanes-Regueiro, Ulf Schrader, Christof Timpe und Maria Jolanta Welfens.

Tectum Verlag Marburg, 2017
ISBN 978-3-8288-3844-4

Gestaltung: Ann-Kristin Mull
Titelbild © Martin Walser, mit freundlicher Genehmigung von together – Hilfe für Indien.
Korrektorat: Sabine Borhau

Gedruckt nach dem Cradle-to-Cradle-Prinzip auf umweltfreundlichem Papier, mit mineralölfreien Druckfarben und klimaneutral hergestellt.

Druck und Bindung: Gugler GmbH

Besuchen Sie uns im Internet
www.tectum-verlag.de

Für Max M.

Vorwort

Sie würden gerne »was tun«?

Damit sind Sie nicht allein. Denn vielen ist längst klar, dass wir etwas tun müssen. Aber – wenn ich Hilfsorganisationen Geld spende, unterstütze ich dann vielleicht eine korrupte Regierung? Wenn wir nur noch »Made in Germany« kaufen, verlieren dann Menschen in Indien ihre Lebensgrundlage? Wenn ich Wasser spare, gehen dadurch Rohre kaputt?
Dieses Buch gibt Antworten – allen, die die Welt ein Stück besser machen wollen, aber nicht wissen, wie es geht – oder sich sogar fragen, was wirklich gut ist. Genauso zeigt es aber auch, dass es manchmal eben keine Antworten gibt.

Was macht dieses Buch so besonders?

Es ist wissenschaftlich fundiert, aber es liest sich leicht. Das war jedenfalls meine Motivation: Ich wollte Antworten finden, indem ich Menschen fragte, die Experten auf ihrem Gebiet sind. Und als Designerin wollte ich diese Antworten so aufbereiten, dass sie viele Menschen lesen und sie auch gerne lesen.
Dieses Buch konzentriert sich darauf, was wir als Verbraucher, Bürger, Wähler alles tun können. Natürlich sind grundlegende politische Maßnahmen nötig. Aber diese politischen Weichenstellungen gehen oft Hand in Hand mit Entscheidungen, die wir im Alltag treffen; mit unserer Einstellung sowieso. Und: Die Politik ist langsam, wir hingegen können morgen schon beginnen, etwas zu tun. Oder ... gleich jetzt.

Herzlich,

 Ann-Kristin Mull (Herausgeberin)

Woher weiß ich, ob ein Produkt nachhaltig ist?
Sind E-Books besser als gedruckte Bücher?
Ist es schwer, ein nachhaltiges Leben zu führen?
Sollten wir Haushaltsgeräte lange nutzen oder lieber durch neue, energiesparende Geräte ersetzen?

Leben
und Kaufen

Rainer Grießhammer – Experte für nachhaltigen Konsum

Man kann mit 20% Aufwand zu 80% nachhaltig leben.

Prof. Dr. Rainer Grießhammer ist Experte für nachhaltigen Konsum und erhielt 2010 den Deutschen Umweltpreis. Seit 30 Jahren arbeitet er am Öko-Institut e. V. und ist dort Mitglied der Geschäftsführung.
Er entwickelte Methoden, um nachhaltige Produkte als solche zu kennzeichnen; zum Beispiel www.EcoTopTen.de (eine Plattform für ökologische Spitzenprodukte). Neben seiner Arbeit am Öko-Institut ist er Kurator der Stiftung Warentest und im Beirat von Utopia (Internetportal für nachhaltigen Einkauf) und dem Kinderhilfswerk Terre des Hommes. Außerdem war er Mitglied in der Enquete-Kommission des Bundestages »Schutz des Menschen und der Umwelt« und Mitglied des Wissenschaftlichen Beirats »Globale Umweltveränderungen« der Bundesregierung. Er schrieb den Bestseller *Öko-Knigge* und hat seit 2012 eine Honorarprofessur für nachhaltige Produkte in Freiburg.
Rainer Grießhammer (geb. 1953 in Karlsruhe) studierte Chemie in Freiburg und Tübingen.

Wie kann man als Einzelner die Welt besser machen? Und wie können wir sicher sein, dass es wirklich gut ist, was wir tun?

Rainer Grießhammer: Man muss das Verhalten und die Verhältnisse ändern. Das bedingt sich gegenseitig. Man sollte also selbst möglichst nachhaltig leben, aber auch versuchen, die politischen Rahmenbedingungen zu ändern. Einfaches Beispiel: Man kann selbst Strom sparen und nur energieeffiziente Geräte kaufen. Aber wenn das nur 5–10% der Verbraucher machen, reicht es eben nicht aus. Also sollte man auch für deutlich niedrigere Grenzwerte bei der Ökodesign-Richtlinie und für eine Verschärfung des Emissionshandels eintreten.
Bürger und Verbraucher wissen schon sehr gut, was gut für Mensch und Umwelt ist. Am Wissen hakt es nicht. Das Problem ist die große Diskrepanz zwischen Umweltbewusstsein und Verhalten. Am ehesten gibt es eine Unsicherheit, was viel und was wenig bringt. Viele fühlen sich schon als große Umweltschützer, wenn sie den Müll richtig trennen. Die wirklich großen Schritte sind aber folgende:

kein großes Haus bzw. große Wohnung, möglichst kein eigenes Auto (sondern Carsharing, Rad oder E-Bike, Bus oder Bahn), selten fliegen,

geringer Stromverbrauch, fleischarme oder vegetarische Ernährung, möglichst fair hergestellte Produkte kaufen, und schon gar nicht 1000 Klamotten und andere unnötige Produkte.

Oft wird uns empfohlen, uns von einem energiefressenden Auto oder Haushaltsgerät zu trennen und ein umweltschonendes Modell anzuschaffen. Aber ist das immer sinnvoll?

Grundsätzlich sollte man sich erst dann von einem Gerät trennen, wenn es kaputt geht. Aber es gibt Ausnahmen, zum Beispiel alte Kühl- und Gefriergeräte (Faustregel: älter als 15 Jahre), weil diese im Vergleich zu den neuen Geräten einen sehr hohen Stromverbrauch haben. Für die Produktion dieser Geräte wird an Energie nur etwa 10–15% der Gesamtenergie über die gesamte Lebensphase (= Produktion, Nutzung, Entsorgung) benötigt. Die Ressourcen werden weitgehend über das Stahlschrott-Recycling wiedergewonnen. Bei Computern und Laptops ist dagegen der Produktionsaufwand sehr hoch und es werden seltene Metalle eingesetzt – diese Geräte sollte man so lange wie möglich nutzen. Allerdings werden sie nicht so lange genutzt, weil sie funktionsmäßig »veralten« und man neue Funktionen und Programme nicht mehr nutzen kann.

Sollten unsere Ziele papierlose Büros und E-Books sein oder ist die Produktion, Energieversorgung und Entsorgung der elektronischen Geräte noch schlimmer als Papierberge? Wie können wir unseren Papierverbrauch senken?

Computer, Smartphone & Co bieten ja neben Lesen und Drucken viele andere Möglichkeiten und werden von daher mehr und mehr zur Standardausrüstung. Perspektivisch wird man vermutlich nur noch ein kleines Super-Smartphone brauchen und kann das dann mit verschiedenen langlebigen Ausgabegeräten verknüpfen (E-Book, Bildschirm zum Schreiben und als TV). Und schon heute kann man damit den Papierverbrauch drastisch senken.

Ein E-Book-Reader ist schon ab 10 E-Books ökologischer als gedruckte Bücher

(Studie des Öko-Instituts). In der Ausbildung und bei der Arbeit sollte man sich angewöhnen, längere Texte am Computerbildschirm zu lesen oder sie gegebenenfalls auch auf das E-Book zu überspielen.
Vor zu viel Werbematerialien sollte man sich durch einen entsprechenden Aufkleber am Briefkasten schützen. Und wenn man etwas ausdrucken muss, dann möglichst zweiseitig.

Finden Sie, man kann ein hundertprozentig nachhaltiges Leben führen, ohne zum Aussteiger zu werden? Wenn ja, wie?

In einer nicht nachhaltigen Welt kann man nicht hundertprozentig nachhaltig leben. Man sollte sich lieber an die klassische 80/20-Regel halten, was in diesem Fall bedeutet: Lieber schnell und leicht

mit 20% Aufwand zu 80% nachhaltig leben

und damit auch andere motivieren – als das 100%-Ziel trotz Riesenaufwand nie zu erreichen.

Wie wäge ich ab, ob ein eigentlich nachhaltiges Produkt nicht durch hohe Transport- oder Einkaufswege unökologisch wird? Wenn etwa der Biobauer nur mit dem Auto zu erreichen ist oder die Bioäpfel aus Neuseeland kommen?

Die Bedeutung von Transporten bei der Herstellung und Belieferung wird allgemein überschätzt – im Vergleich zur Herstellung, Verpackung, Kühlung o. ä. liegen die CO_2-Emissionen der Transporte meist nur bei wenigen Prozent. Die dicke Ausnahme sind Lebensmittel, die per Flugzeug transportiert werden, wie zum Beispiel Erdbeeren im Winter oder diverse Südfrüchte. Lange Transportwege mit dem Schiff (wie etwa bei Bananen oder den Neuseeland-Äpfeln im Frühjahr) sind nicht das Problem. Ansonsten schlägt der Einkauf mit dem PKW massiv durch. Schon 10 km individuelle Autofahrt zum Einkauf von Milch oder ein paar Eiern beim Biobauern verhauen die CO_2-Bilanz, zumal man mittlerweile die Produkte ja auch um die Ecke im Bioladen oder Bio-Supermarkt bekommt.

Prof. Dr. Ulf Schrader leitet das Fachgebiet Arbeitslehre/Ökonomie und Nachhaltiger Konsum (ALÖNK) an der TU Berlin. Dort ist er auch wissenschaftlicher Leiter des Servicezentrums Lehrkräftebildung und leitet verschiedene Projekte zum Thema Nachhaltiger Konsum. Dieses Themenfeld vertritt er auch im Editorial Board des Journal of Consumer Policy.
Ulf Schrader (geboren 1968 in Lehrte) studierte Wirtschaftswissenschaften, Politologie und Soziologie in Göttingen, Dublin und Hannover. Er war unter anderem Mitglied im wissenschaftlichen Beirat für Verbraucher- und Ernährungspolitik des Bundesministeriums für Ernährung, Landwirtschaft und Verbraucherschutz und im Partnership for Education and Research about Responsible Living.

Ulf Schrader – Experte für nachhaltigen Konsum

Die Wahl der Wohnung ist die strategisch wichtigste Konsum-entscheidung

Wie kann man als Einzelner die Welt besser machen? Und wie können wir sicher sein, dass es wirklich gut ist, was wir tun?

Ulf Schrader: Voraussetzung für alles Weitere ist für mich, ehrlich zu sich selbst zu sein! Deutschland ist im Hinblick auf einen nachhaltigen Lebensstil ein Entwicklungsland. Allein hier verursachen wir pro Kopf einen Ausstoß an Treibhausgasen, der vier Mal höher ist als ein nachhaltiges Maß. Rechnen wir die Wirkungen der Produkte hinzu, die wir hier konsumieren, die aber in anderen Ländern produziert werden, sind wir noch weiter von einer Situation der Nachhaltigkeit entfernt. Diese Erkenntnis gilt es auszuhalten – um daraus Motivation für einen Wandel zu schöpfen. Dies ist möglich, weil ein Lebensstil mit weniger Ressourcenverzehr nicht zwangsläufig weniger Glück bedeuten muss – im Gegenteil.

Wenn die Bereitschaft zum Handeln da ist, sollte man danach schauen, wo man wirklich etwas bewirken kann. Also zunächst die Dinge angehen, die einen deutlichen Unterschied machen. (Beispiele dafür in der Antwort auf die nächste Frage.) Konzentration auf das Wesentliche heißt auch: Es ist nicht nötig, den nachhaltigen Konsum zum tagesfüllenden Beruf zu machen und bei jeder Entscheidung zu analysieren, was wohl die umweltfreundlichere oder sozialere Alternative wäre. Die Beantwortung der Frage, ob Milch lieber im Einwegkarton, in der Mehrwegflasche oder im Schlauchbeutel gekauft werden sollte, wird die Welt nicht retten. Und auch die Abwägung, ob fair gehandelte Bio-Bananen uns einer nachhaltigen Welt näher bringen als die vor Ort erzeugten Äpfel aus konventionellem Anbau, ist letztlich nicht entscheidend.

Wer sich bei den eindeutigen Alternativen

für die nachhaltigere entscheidet, der kann sich ansonsten mit den Unsicherheiten entspannt abfinden.

Allerdings sind die Rahmenbedingungen heute oft so, dass der eindeutig nicht-nachhaltige Konsum sehr attraktiv ist – auch für Menschen mit hohem Nachhaltigkeitsbewusstsein. Ökologische und soziale Kosten schlagen sich kaum im Preis nieder, sondern müssen von anderen Menschen (heute oder in der Zukunft) getragen werden. Ökologisch und sozial fragwürdige Produkte werden dadurch günstig. Den Flug für 29 Euro gibt es nicht nur in der Werbung, sondern auch in der Realität. Ebenso wichtig wie die konkrete Kaufentscheidung ist deshalb auch der Einsatz für Rahmenbedingungen, die nachhaltige Produkte attraktiv, Umweltverschmutzung teuer und Ausbeutung weitgehend unmöglich machen. Die Bereitschaft, beispielsweise eine sozial-ökologische Steuerreform zu akzeptieren, ist deshalb für die Verbreitung des nachhaltigen Konsums deshalb mindestens so wichtig, wie der Kauf von Bio-Lebensmitteln.

Bei welchen Käufen sollten wir ganz besonders auf Nachhaltigkeit achten?

Fleischkonsum: Ein Kilo Rindfleisch ver-

ursacht mehr als 80-mal so viele klimaschädliche Treibhausgase wie ein Kilo Gemüse

und auch – vor allem für den Anbau von Futtermitteln – einen mehr als 100-mal so großen Flächenverbrauch.

Wahl der Wohnung: Die strategisch wichtigste Konsumentscheidung,

weil sie langfristig weitere Konsumentscheidungen bestimmt. Auch wenn die Handlungsfreiheit dabei oft begrenzt ist, könnten viele noch stärker auf Aspekte wie Energieeffizienz, Anschluss an den öffentlichen Nahverkehr oder die Nähe zu unserer Arbeitsstelle achten.

Stromtarifvertrag: Wenn wir uns für »grünen Strom« entscheiden, können wir nahezu CO_2-neutralen Strom beziehen – und gleichzeitig senden wir dadurch an die Energiewirtschaft die klare Botschaft, zukünftig ausschließlich auf erneuerbare Energien zu setzen.

Fliegen: Der jährliche Flug nach Mallorca verursacht große Umweltschäden;

mehr, als durch konsequente Mülltrennung wieder eingespart werden kann. Ein Flug nach Australien ist klimaschädlicher als der deutsche Durchschnittslebensstil über das ganze Jahr hinweg.
Einen Eindruck über die für das Klima wichtigsten Konsumentscheidungen erhält man durch die Berechnung seiner CO_2-Bilanz auf www.uba.klima-aktiv.de
Teilweise ist mehr Nachhaltigkeit auch Neben- oder Folgewirkung von Dienstleistungs- oder Medienkonsum. In einem Forschungsprojekt untersuchen wir, ob der Besuch von Achtsamkeits-Meditations-Trainings – über eine Stärkung der inneren Einkehr – einen Wandel zu weniger materialistischen Lebensstilen fördert.

Wie erkennen wir, ob ein Produkt nachhaltig ist?

Ein Produkt kann nicht absolut nachhaltig, aber nachhaltiger als andere sein und so zu einem nachhaltigen Lebensstil beitragen. Wer täglich sein Bio-Steak isst, lebt nicht nachhaltig – auch wenn Bio-Lebensmittel grundsätzlich gut zu einem nachhaltigeren Lebensstil passen. Ob ein Produkt ökologisch, sozial und individuell überdurchschnittlich verträglich ist, wird oft durch entsprechende Label verdeutlicht. Wer schauen will, welche Label in den unterschiedlichen Konsumfeldern (Ernährung, Bauen und Wohnen, Kleidung, Mobilität, Unterhaltung etc.) besonders glaubwürdig sind, sollte sich den Nachhaltigen Warenkorb besorgen. Dieses umfangreiche Informationsangebot stammt vom Rat für Nachhaltige Entwicklung der Bundesregierung und kann online genutzt, kostenlos als Broschüre bestellt oder als App heruntergeladen werden: www.nachhaltiger-warenkorb.de

Nützt es, im Supermarkt Bio zu kaufen oder schaden die Mengenrabatt-Preise den Biobetrieben?

Die Frage ist: Was ist die Alternative? Wenn man das nötige Geld hat und sich in der Nähe ein Naturkost-

fachhandel oder ein Bauernmarkt befindet, der über ein gutes Bio-Angebot verfügt, ist dieses im Vergleich mit Supermarkt- oder Discounter-Bio in der Regel die nachhaltigere Alternative. Im konventionellen Lebensmitteleinzelhandel wird Bio oft nur nach dem Mindeststandard der EU-Ökoverordnung angeboten und auch auf weitere ökologisch relevante Aspekte wie Regionalität wird vielfach weniger geachtet.
Allerdings gibt es inzwischen auch Supermärkte, die durchaus ein beeindruckendes Sortiment qualitativ hochwertiger und auch regionaler oder fair gehandelter Bio-Produkte anbieten. Bei allen Vorbehalten gegenüber Supermarkt-Bio ist es im Sinne der Nachhaltigkeit konventionellen Supermarkt-Angeboten grundsätzlich vorzuziehen – wenn diese nicht deutliche Vorteile aufweisen, beispielsweise im Hinblick auf Regionalität oder soziale Kriterien. Zudem ist Supermarkt-Bio nicht immer in Konkurrenz zum Bio-Fachhandel zu sehen. Gerade jenseits der Großstädte sind Supermärkte für Konsumenten oft die einzige Möglichkeit, an Bio-Produkte zu kommen. Zudem kann Supermarkt-Bio auch als »Einstiegsdroge« wirken, über die Konsumenten ohne großen Preisaufschlag an Bio-Produkte herangeführt werden. Langfristig und bei Gelegenheit kaufen sie diese dann eventuell auch im Fachhandel. So oder so: Die Botschaft, dass Menschen bereit sind, für bessere Produkte mehr Geld zu zahlen, kommt auch über die Supermarktkasse bei den Händlern und Erzeugern an – und kann so zu mehr Nachhaltigkeit führen. In Deutschland, wo im Durchschnitt gerade mal zehn Prozent des privaten Haushaltsbudgets für Nahrungsmittel ausgegeben werden, gibt es da noch viel Entwicklungspotential.

38358 Stormy
2814 Feinkost-Salat 400 g
34336 Baguette-Brötchen
43166 Sultaninen
2222 Fusilli
3033 Echter Rum 40 %
1329 Fresh-Cut-Salat
4089 Flüssigseife
40207 Magnesium Brausetabletten
6114 Trockenpflaumen
37072 Kaiserbrötchen
37072 Kaiserbrötchen
37072 Kaiserbrötchen
37072 Kaiserbrötchen
37072 Kaiserbrötchen
44588 Körnersemmeln
39094 Matjesfilets Edel
37635 Steinofenbrötchen
3796 Buttertoast
2600 Deutsche Markenbutter
2600 Deutsche Markenbutter
4089 Flüssigseife
1121 Schwammtücher
7404 Gefrierbeutel
33125 Backpapierzuschnitte
6465 Alufolie
37809 Frischhaltefolie 75 m
5919 Waffeln Neapolitaner
44482 Hamburger Brötchen
41070 Bagels 340 g
6254 Kerniges Roggenvollkornb.
32842 Bio-Zitronen
4099 Zahncreme Spezial
2911 Tee Kamille
2917 Tee Pfefferminze
Kiwi-Mix
Bio-Zitronen

Wie ersetze ich sinnvoll Fleisch in der Ernährung?
Kann man noch guten Gewissens Fisch essen?
Welche Auswirkungen haben Gentechnik und die Antibiotika
in der Massentierhaltung auf uns?

Fisch und Fleisch

Hans Hauner – Experte für Ernährungsmedizin

Was ist nun gesund? Vegetarisch ja, vegan nein.

Prof. Dr. med. Hans Hauner ist seit 2003 Inhaber des Lehrstuhls für Ernährungsmedizin an der TU München und Direktor des Else Kröner-Fresenius-Zentrums für Ernährungsmedizin.
Er ist u. a. im wissenschaftlichen Präsidium der Deutschen Gesellschaft für Ernährung und Mitglied der Verbraucherkommission der Bayerischen Staatsregierung.
Hans Hauner (geb. 1955 in Regensburg) studierte Medizin in Regensburg und München, machte in Ulm eine klinische Weiterbildung zum Internisten und wurde danach leitender Oberarzt am Deutschen Diabetes Zentrum der Universität Düsseldorf.

Wie kann man als Einzelner die Welt besser machen? Und wie können wir sicher sein, dass es wirklich gut ist, was wir tun?

Hans Hauner: Ein einzelner Mensch kann sicher nur einen bescheidenen Beitrag leisten, um die Welt besser zu machen. Jeder hat aber die Möglichkeit, auf seine unmittelbare Umgebung einzuwirken und dort, wo er mitbestimmen kann, seine Stimme abzugeben. Wichtig ist dabei auch, durch sein praktisches Verhalten im Alltag mitzuhelfen. Reden alleine reicht nicht, sondern sollte mit dem persönlichen Handeln übereinstimmen. Ansonsten sind auch die besten Worte auf Dauer unglaubwürdig und wertlos.

Woher wissen wir, wie hoch unser Eiweißbedarf ist? Und was ist schlimmer, tendenziell zu viel oder zu wenig Eiweiß zu essen?

Der Eiweißbedarf ist heute gut bekannt und geht auf Bilanzstudien zurück. Er liegt bei 0,6 bis 0,8 Gramm pro Kilogramm Körpergewicht und Tag. Das macht bei einem Menschen mit einem Körpergewicht von 70 Kilo etwa 50 Gramm aus. In jungen Jahren, wenn der Körper noch wächst, liegt er geringfügig höher. Auch ältere Menschen benötigen mehr Eiweiß, ca. 1,2 Gramm pro Kilogramm Körpergewicht und Tag, um ihre Muskelmasse zu erhalten und nicht zu schnell an Kraft zu verlieren. Im Durchschnitt

liegt die Eiweißzufuhr in der deutschen Bevölkerung derzeit deutlich über dem Bedarf,

nämlich bei etwa 1,4 Gramm pro Kilogramm Körpergewicht und Tag. Zwei Drittel davon stammen aus

tierischen Quellen und sind vor allem auf den hohen Verzehr von Fleisch, Fleischwaren und Milchprodukten zurückzuführen. Eine Eiweißzufuhr in dieser Größenordnung bedeutet jedoch in der Regel kein erhöhtes Gesundheitsrisiko.
Viele Menschen ernähren sich heute aus verschiedenen Gründen bewusst eiweißreich. Die einen, vor allem muskelbewusste junge Männer, glauben damit ihre Muskelpakete vergrößern zu können, die anderen wollen weniger Kohlenhydrate verzehren und weichen daher auf eiweißreiche Lebensmittel aus. Das ist nicht unbedenklich, weil immer mehr Studien darauf hinweisen, dass eine eiweißreiche Ernährung möglicherweise Wohlstandskrankheiten wie Typ 2 Diabetes, Herz-Kreislauf-Erkrankungen und bestimmte Krebsarten fördert. Das gilt vor allem für rotes Fleisch (Rind, Schwein, Lamm) und noch mehr für Fleischprodukte wie Wurstwaren.
Gefährlicher ist aber sicher eine Unterversorgung mit Eiweiß, da der Körper bestimmte Eiweißmengen benötigt (siehe oben), um seine Muskelmasse zu erhalten und leistungsfähig zu sein. Dies ist nach wie vor in vielen Entwicklungsländern ein weit verbreitetes Problem. Bei uns findet sich ein Eiweißmangel am ehesten bei älteren Menschen, die sich aus verschiedenen Gründen nicht mehr ausreichend ernähren und dann Gefahr laufen, durch den Muskelabbau gebrechlich zu werden.

Können wir Fleisch sinnvoll durch andere tierische oder pflanzliche Proteinquellen ersetzen und wenn ja, durch welche?

Fleisch kann gut ersetzt werden durch andere Lebensmittel,

insbesondere durch Milch und Milchprodukte sowie durch eiweißreiche pflanzliche Lebensmittel. Langzeituntersuchungen an Vegetariern zeigen sogar, dass diese länger gesund bleiben, seltener an den modernen Zivilisationsleiden erkranken und auch länger leben.

Milch und Milchprodukte sind sehr gute Eiweißquellen, aber auch viele pflanzliche Lebensmittel – wie Vollkornprodukte, Hülsenfrüchte wie Linsen und Bohnen, Nüsse und Soja – enthalten viel Eiweiß. Jeder Mensch kann damit seinen Eiweißbedarf gut decken.

Was für Auswirkungen haben die Antibiotika auf uns, welche die Tiere verabreicht bekommen?

In Deutschland sind Antibiotika in der Tiermast weit verbreitet. Dieser Einsatz dient zuallererst der optimierten Tierproduktion und wird seit Jahren kritisiert. Dadurch entstehen Bakterienstämme, die gegen diese Antibiotika resistent sind. Gleichzeitig wächst in Deutschland die Zahl der Menschen mit schweren Infektionen, die auf die üblichen Antibiotika nicht mehr ansprechen. Man spricht dann von multiresistenten Keimen. Es gibt eine zunehmende Zahl von Hinweisen, dass es hier einen Zusammenhang gibt und Infektionsmediziner fordern daher seit vielen Jahren, den Einsatz von Antibiotika in der Tiermast deutlich zu beschränken, wie dies in vielen anderen Ländern längst praktiziert wird.

Enthalten Fleisch und andere tierische Produkte außer Eiweiß noch andere Stoffe, die für unsere Ernährung wichtig sind und welche Möglichkeiten gäbe es, diese zu ersetzen?

In pflanzlichen Lebensmitteln kommt

Vitamin B_{12} so gut wie nicht vor;

Fleisch und tierische Produkte, einschließlich Milchprodukte, sind hierfür die wichtigsten Lieferanten. Bei veganer und selbst bei vegetarischer Ernährung ist daher eine Supplementierung (Ergänzung) mit Vitamin B_{12} anzuraten, da es bei einem Mangel auf lange Sicht zu Mangelerscheinungen wie Blutarmut (Anämie) und neurologischen Störungen kommen kann. Die Versorgung mit Vitamin B_{12} kann heute durch Messung von Holo-Transcobalamin II im Blut bestimmt werden. Wird dabei ein Mangel nachgewiesen, sollte eine langfristige Supplementierung erfolgen.
Bei Verzicht auf Fleisch und Fleischprodukten kann es auch zu einem Jodmangel kommen, da tierische Lebensmittel heute die Hauptquelle für die Jodversorgung sind, die in der Bevölkerung ohnehin zu knapp ist. Auch hier kann eine Supplementierung mit Jodtabletten sinnvoll bzw. notwendig sein. Weitere relevante Nährstoffdefizite sind bei Verzicht auf Fleisch und Fleischprodukte selten.

Haben Bio-Lebensmittel aus medizinischer Sicht nur Vor- oder auch Nachteile? Auf der einen Seite sollen sie viel gesünder sein, weil sie pestizidfrei sind, auf der anderen Seite gibt es Behauptungen, dass sich die Menschen z.B. wieder häufiger Würmer einfangen, seit Biolebensmittel auf dem Vormarsch sind.

Bio-Lebensmittel haben aus ernährungsmedizinischer Sicht kaum Vorteile. Sie weisen nicht mehr Nährstoffe als konventionelle Lebensmittel auf, enthalten aber niedrigere Rückstände von Pflanzenschutzmitteln. In aller Regel liegen die Mengen dieser Schadstoffe in konventionellen Lebensmitteln deutlich unterhalb der zulässigen Werte.

Die Behauptung, dass Bio-Lebensmittel mehr Würmer enthalten, ist nicht nachvollziehbar. Selbstverständlich gilt aber immer, dass Gemüse und Obst vor Verzehr gereinigt und gewaschen werden sollen.

Gibt es darüber hinaus noch etwas, das Sie erwähnen möchten?

Vegane Ernährung ist in Deutschland nicht wirklich neu. Seit Jahrzehnten gibt es eine kleine Gemeinde, die auf diese Kost schwört, aber bisher eher als »weltfremd« und sektiererisch belächelt wurde. Umso verwunderlicher ist es, dass die vegane Ernährung in kurzer Zeit richtig »hip« geworden ist und viele Menschen beschäftigt, ja auch fasziniert.
Interessanterweise findet die vegane Welle bisher weitgehend außerhalb der Medizin und Ernährungswissenschaft statt. Sucht man nach solider wissenschaftlicher Fachliteratur, fällt das Ergebnis dünn aus. Aus fachlicher Sicht erscheint die vegane Kost als recht einseitige, restriktive Ernährung, die kaum ein Experte von vorneherein als ideal empfehlen würde (im Gegensatz etwa zur vegetarischen Ernährung mit Milch, Milchprodukten und Eiern). Stattdessen stehen viele Fragen im Raum, vor allem, inwieweit damit wirklich der Bedarf an allen essenziellen Nährstoffen gedeckt werden kann. Dies gilt besonders für Kleinkinder und andere vulnerable Bevölkerungsgruppen (Schwangere, ältere Menschen, Menschen mit chronischen Erkrankungen). Konkret sei hier das Problem des Vitamin B_{12}-Mangels genannt. Auch hierzulande gibt es vor allem aus der Pädiatrie einzelne Berichte von Kleinkindern mit schweren, möglicherweise irreversiblen neurologischen Defiziten als wahrscheinliche Folge einer veganen Kost. Hier gibt es noch erhebliche Wissenslücken, sodass für euphorische Bewertungen kein Platz ist und hier sachliche und fachkundige Beratung angezeigt ist.

María José Caballero – Expertin für Meereskunde und Biologie

Der Rote Thunfisch ist extrem überfischt.

María José Caballero (Spanien) arbeitet seit 1999 für Greenpeace, inzwischen ist sie Kampagnenchefin. Sie war sieben Jahre lang verantwortlich für die Küsten- und Ozeankampagnen. Seit 1991 engagiert sie sich in Nichtregierungsorganisationen, anfangs noch als Ehrenamtliche.
María José Caballero (geb. 1968) studierte Biologie in Madrid, spezialisierte sich auf Zoologie und arbeitete früher für das Nationale Institut Spaniens für Ozeanografie.

Wie kann man als Einzelner die Welt besser machen? Und wie können wir sicher sein, dass es wirklich gut ist, was wir tun?

María José Caballero: Die Welt zu verbessern ist eine sehr große Aufgabe für einen Einzelnen. Wenn wir uns aber zusammentun, soziale Bewegungen ins Leben rufen und uns für Organisationen engagieren, dann haben wir viel Macht. Die größte Bedrohung für die Erde ist momentan der Klimawandel. Laut Experten darf das Klima in den nächsten 18 Jahren nicht um mehr als 2 °C ansteigen, das raten die Wissenschaftler der Vereinten Nationen. Das heißt, bevor die heute geborenen Kinder volljährig werden und in Entscheidungen mitwirken können. Und darum haben wir keine Ausrede; unsere Generation muss die Entscheidung fällen.

Es gibt so viele Möglichkeiten, was der Einzelne tun kann, wie den öffentlichen Verkehr und das Fahrrad zu nutzen, effiziente Haushaltsgeräte, eine gute Isolierung unserer Häuser, weder Licht noch Steckerleisten angeschaltet lassen, recyclen, regionale Lebensmittel kaufen (so vermeiden wir die Tonnen CO_2, die durch den Transport entstünden), etc.

Was sind die Gefahren der Gentechnik und wie können wir vermeiden, genmanipulierte Lebensmittel zu essen oder Fleisch von Tieren, deren Futter genmanipuliert wurde?

Die Gentechnik an sich bringt erst einmal keine Gefahren mit sich und Greenpeace ist nicht gegen die Gentechnik-Forschung an sich – sondern dagegen, dass genmanipulierte Pflanzen und Samen in die Umwelt gelangen; denn das kann unvorhergesehene Folgen haben. Und was die gesundheitlichen Folgen betrifft:

Bis jetzt gibt es keine unabhängige Studie,

die zeigen würde, dass Gentechnik für uns Menschen unbedenklich wäre.

Alle Studien stammen von Unternehmen, die selbst Anträge auf Genehmigung von Gentechnik stellen. Bisher wurden auch die Langzeitfolgen nicht untersucht, es gab lediglich Versuche über 90 Tage mit Labormäusen, wobei deren Lebenszyklus bei zwei Jahren liegt. Und schon in diesen Versuchen von nur drei Monaten hat man negative Folgen einiger genmanipulierter Pflanzen bei den Mäusen festgestellt. Zum Beispiel hat sich das Füttern mit Mais MON 862 negativ auf Nieren und Leber der Mäuse ausgewirkt. Damit wissen wir auch fast 20 Jahren nach der Kommerzialisierung der ersten genmanipulierten Pflanzen immer noch nicht, ob sie für die menschliche und tierische Ernährung unbedenklich sind. Deswegen halten wir von Greenpeace es für die beste Möglichkeit, die Kommerzialisierung von Gentechnik nicht zu erlauben; als eine Vorsichtsmaßnahme.
Es gibt zwei Arten von genmanipulierten Pflanzen: die einen bilden ihr eigenes Gift, die anderen sind unempfindlich gegenüber bestimmten Unkrautvernichtungsmitteln. Die Gefahr ersterer für die Umwelt ist, dass sie auch giftig für viele Spezies sind, die sie gar nicht bekämpfen sollen und die ihnen sogar zugute kämen. Abgesehen davon bedrohen sie das Ökosystem des Bodens (einige sondern die Gifte über die Wurzeln ab) und führen dazu, dass die Schädlinge, die bekämpft werden sollen, resistent werden Das wird es in Zukunft immer schwerer machen,

über sie Herr zu werden. Die andere Art genmanipulierter Pflanzen (die, denen Unkrautvernichtungsmittel nichts ausmachen) haben zu einem erhöhten Verbrauch von Unkrautvernichtungsmitteln geführt, obwohl die Industrie etwas anderes versprach. Das wiederum kann zufolge haben, dass das Grundwasser und Wasserorganismen, aber auch andere Lebewesen verseucht werden. Der massive Gebrauch von Unkrautvernichtungsmitteln hat dazu geführt, dass einige Unkrautarten resistent gegen die Mittel wurden – was wiederum zu einem erhöhten Verbrauch führt, zu höheren Konzentrationen oder dem Verwenden von noch giftigeren Substanzen. (Das Glyphosat, das weltweit meistverwendete Unkrautvernichtungsmittel, ist vor Kurzem als »wahrscheinlich krebserregend für den Menschen« eingestuft worden.) Wenn diese beiden Arten von genmanipulierten Pflanzen in die Umwelt freigesetzt werden, hat das noch eine weitere Folge: die genetische Verseuchung. Der Pollenflug führt dazu, dass die Pollen der genmanipulierten Pflanzen auch die normalen und sogar die ökologisch angebauten Pflanzen erreichen, sodass sich diese Gene verbreiten und unser Recht auf gentechnikfreie Lebensmittel in Frage stellen.
Aber die Gentechnik hat auch soziale Auswirkungen, nachdem sie unsere Ernährungssouveränität stark bedroht. Schließlich wird in unseren Breiten dann zunehmend Tierfutter angebaut, sodass wir mehr Lebensmittel importieren. Letztlich wurde keines der Versprechen der Industrie eingelöst und besonders nicht das wichtige Versprechen, dass die Gentechnik die Lösung für den Hunger in der Welt sei. Um die 800 Millionen Menschen auf der Welt leiden weiterhin Hunger, während sich die Gentechnik vor allem auf den Anbau von Biokraftstoffen und Tierfutter konzentriert, was aber nur den reichen Ländern zugute kommt.

Auf Öko-Landwirtschaft

zu setzen, ist der sicherste Weg, keine genmanipulierten Lebensmittel zu essen

(ob direkt oder durch Tiere, deren Futter genmanipuliert ist), weil hier Gentechnik generell verboten ist.

Welche Fischarten können wir noch guten Gewissens essen?

Um guten Gewissens Fisch kaufen zu können, sollten wir vier Grundregeln beachten:

1. Es sollte keine überfischte Art sein – wie folgende Fischarten aus der Roten Liste der IUCN (Weltnaturschutzunion): Blauflossen-Thunfisch (auch »Roter Thunfisch« aus Atlantik und Pazifik), Großaugenthun (verletzlich), Gelbflossen-Thun, der Blauhai (potentiell gefährdet) und andere Haiarten (sowohl wegen Haifleisch als auch wegen der Jagd auf Haiflossen), der Atlanische Heilbutt (gefährdet), der Schwarze Seehecht, die peruanische Sardelle, der atlantische Kabeljau (verletzlich), der Rotbarsch (gefährdet).

2. Es sollte Fisch der Saison sein. (Im Internet gibt es Kalender, in denen die Fischarten der Saison aufge-

listet sind.)
3. Es sollte Fisch sein, der mit einer selektiven Fangmethode gefangen wird (das heißt, bei der nur die Fische ins Netz gehen, die man auch fangen will, ohne oder mit wenig Beifang). Eines der größten weltweiten Probleme des Fischfangs ist der Einsatz von nicht-selektiven Fangmethoden, die Dutzende andere Arten mitfangen, welche dann über Bord geworfen werden – nicht nur Fische, auch Schildkröten, Haie, kleine Wale und Meeresvögel.

4. Je näher das Gewässer ist, in dem der Fisch gefangen wurde, desto besser. So unterstützen wir nicht nur die lokale Industrie, sondern sparen auch das CO_2 ein, was sonst beim Transport freigesetzt werden würde; das wiederum hilft gegen den Klimawandel.

Gibt es darüber hinaus noch etwas, das Sie erwähnen möchten?

Auf meinem Lieblingsaufkleber steht »What if the hippies are right?«. Ich bin überzeugt – wenn wir uns in Bewegung setzen und handeln, sind historische Wandel möglich. Die Entscheidung liegt bei uns. Denn die Zukunft unseres wundervollen Planeten liegt in den Händen derer, die auf ihm leben.

Aus dem Spanischen von Ann-Kristin Mull

Hilft Mülltrennen oder wird alles anschließend zusammengeschüttet und verbrannt?
Ist Wasser sparen gut oder gehen dadurch Rohre kaputt?
Wie vermeide ich Müll und chemische Zusatzstoffe?

Abfall und Abwasser

Hartmut Hoffmann – Experte für Abfall und Rohstoffe

Hier in Deutschland werden pro Jahr 850.000 Tonnen aus dem gelben Sack recycelt.

Dr. Hartmut Hoffmann ist seit 17 Jahren ehrenamtlich Sprecher des Arbeitskreises Abfall und Rohstoffe beim Bund für Umwelt und Naturschutz Deutschland e. V. (BUND). Hartmut Hoffmann (geboren 1951 in Düsseldorf) studierte Chemie und arbeitete in einem Ingenieurbüro (Anlagenbau), später in der Erwachsenenbildung und als Chemiker bei städtischen Problemmüllsammlungen, als Abfallreferent beim BUND und seit 1994 als selbstständiger Umweltberater.

Wie kann man als Einzelner die Welt besser machen? Und wie können wir sicher sein, dass es wirklich gut ist, was wir tun?

Hartmut Hoffmann: Absolute Gewissheiten mag es nicht geben, aber einiges lässt sich schon sagen: Wichtig ist es, sich umfassend zu informieren, möglichst aus verschiedenen Quellen. Wichtig ist es, über vieles nachzudenken, über konkrete alltägliche Probleme (»Wie verwerte ich morgen am besten den Rest vom heutigen Mittagessen?«) sowie über grundsätzliche Fragen, z. B. darüber,

was eigentlich wirklich ein Fortschritt ist, oder auch was »normal« ist und ob das Normale auch gut und vernünftig ist.

Und dann müssen auf die Überlegungen auch Taten folgen. Ohne eine gewisse Konsequenz geht es nicht.

Woher wissen wir, ob der getrennte Müll nicht ohnehin wieder zusammengeschüttet und zusammen verbrannt wird?

Darüber gibt es durchaus seriöse Untersuchungen! Einige Probleme gibt es zwar noch bei den Kunststoffabfällen zu lösen, aber

in Deutschland werden jedes Jahr immerhin rund

400.000 Tonnen an Kunststoffen (von ca. 1,35 Millionen Tonnen) aus der »Gelben Sammlung« recycelt

(also werkstofflich verwertet). Ohne getrennte Sammlung würden auch diese noch verbrannt, denn aus Restmüll lassen sich so gut wie keine verwertbaren Kunststoffe gewinnen. Die bepfandeten Einwegflaschen werden fast vollständig recycelt, da kommen auch noch einmal knapp 400.000 Tonnen an Kunststoff hinzu.

Zum Verpackungsabfall zählen ebenfalls die Weißblechdosen, Aluminium und die Getränkekartons. Von diesem werden rund 450.000 Tonnen pro Jahr recycelt. Auch das nach Farben sortierte Altglas wird nicht wieder zusammengeschüttet, sondern in verschiedenen Kammern auf dem LKW abtransportiert. Das bringt mehr Geld als Mischglas. Die getrennte Erfassung bei Biomüll, Altpapier und Altglas hat sich auf jeden Fall bewährt. Altpapier und Altglas sind Wertstoffe, die verkauft werden, und die Kompostierung von Biomüll ist preiswerter als die Verbrennung.

Welche Arten von Müll sind am schlimmsten? Wie müssen wir hier vorgehen?

Am schlimmsten ist zweifellos der Atommüll, der noch nach 100 Millionen Jahren nicht verschwunden sein wird. Insofern war der Beschluss, aus der Atomenergie auszusteigen (oder gar nicht erst einzusteigen, wie in Dänemark, Österreich und Portugal), sehr richtig. Riesige globale Probleme bereitet auch der Plastikmüll in unseren Flüssen und Ozeanen sowie die riesige Menge an Müll, der noch Biomüll enthält und einfach deponiert wird oder irgendwo hingeschmissen wird. So entstehen nämlich große Mengen an Methan, das ein etwa zwanzigmal stärkeres Treibhausgas als Kohlendioxid ist. Gefährlich ist auch Giftmüll aller Art. Gegen Plastikmüll hilft vor allem ein Umdenken, erstens in der Richtung, dass Plastik ein hochwertiger Werkstoff ist; viel zu schade zum Wegwerfen, und zweitens, dass wir unsere Glasmehrwegsysteme zu erhalten versuchen (Bier, andere Getränke, Milch und Joghurt). Gegen Biomüll, der sich zu Methan zersetzt, helfen die Eigenkompostierung sowie in größerem Maßstab Kompostierungs- und Vergärungsanlagen, in denen der Biomüll behandelt wird. Das kann in ärmeren Ländern auch ein Komposthaufen im Dorf sein. Giftmüll muss sorgfältig erfasst und dann umweltgerecht behandelt werden.

Es heißt, eine Papiertüte sei doch nicht so viel besser als eine Plastiktüte und, dass »normales« Plastik im Gegensatz zu »Bioplastik« recycelbar ist. Welche Tragetaschen sind unterm Strich nun am besten für die Umwelt?

Eine Papiertüte aus Frischholz ist tatsächlich nicht unbedingt besser als eine Plastiktüte,

von der Ökobilanz her. Sie wird aber in der Praxis leichter recycelt, obwohl Plastiktüten im Prinzip auch recycelbar sind. Die sogenannten Bio-Plastiktüten sind derzeit tatsächlich nicht recycelbar und ökologisch ein Irrweg. Sinnvoll ist die Verwendung von Stoffbeuteln und Einkaufskörben, die lange haltbar sind. Auch ein Pappkarton kann ja mehrfach verwendet werden. Also grundsätzlich einfach: Mehrfachverwendung schont die Umwelt.

Wie trenne ich richtig? Ist es ökologisch sinnvoll, Joghurtbecher zu spülen, bevor sie in den Gelben Sack geworfen werden? Oder machen Sortiermaschinen Mülltrennung nebensächlich und wir müssen uns vor allem anstrengen, Müll zu vermeiden?

Die Vorsortierung im Haushalt ist immer richtig und nützlich, denn auch hochwertige Sortieranlagen haben keinen hunderprozentigen Wirkungsgrad. Also: Je besser das Ausgangsmaterial sortiert ist, desto reiner ist das Produkt der Sortierung. Aber

Müllvermeidung ist immer oberste Prämisse

und ich sprach sie weiter oben bereits an (Glasmehrwegsysteme, Stoffbeutel und Einkaufskörbe sowie Vermeidung von Lebensmittelabfällen).
Plastikverpackungen müssen nicht gespült werden, sondern »restentleert« sein. Außerdem: Stelle ich einen Joghurtbecher ins Küchenwaschbecken und wasche mir dort die Hände, wird der Becher auch gut genug sauber, ohne Aufwand. Übrigens ist Joghurt im Glas ökologisch immer die bessere Wahl (und meist auch nicht teurer, wenn die Qualität verglichen wird).

Als Sandra Krautwaschl (Österreich) den Film *Plastic Planet* von Werner Boote sah, war sie geschockt und beschloss, ein Experiment zu starten: einen Monat lang mit ihrer Familie fast plastikfrei zu leben. Das war 2009, inzwischen sind daraus sechs Jahre geworden. Sie schrieb darüber das Buch *Plastikfreie Zone*.
Sandra Krautwaschl (geb. 1971 in Graz) ist Physiotherapeutin und inzwischen neben ihrem Öko-Aktivismus auch Abgeordnete der Grünen im Steiermärkischen Landtag. Mit ihrem Mann und ihren drei Kindern lebt sie in einem kleinen Ort bei Graz.

Sandra Krautwaschl – Ökoaktivistin

Plastik kann fatale Folgen haben. Deswegen leben wir (fast) ohne.

Wie kann man als Einzelner die Welt besser machen? Und wie können wir sicher sein, dass es wirklich gut ist, was wir tun?

Sandra Krautwaschl: Indem man dort aktiv wird, wo man die Möglichkeit dazu hat. Und nicht über die Dinge lamentiert, die man nicht ändern kann. Und indem man sehr gut auf sich selbst achtet, sich nicht zu wichtig nimmt (nach dem Motto: »Ich muss die ganze Welt retten«), aber die Dinge, die man tatsächlich als Einzelner tun kann, um etwas zu verbessern, ernst und wichtig nimmt – und sie auch tut! Außerdem ganz wichtig: Indem man sich Verbündete sucht und dadurch das Gefühl bekommt, dass man mit seinen Bemühungen nicht alleine ist.
Ich denke, wir können nie hundertprozentig sicher sein, dass das, was wir tun, gut ist. Aber wer kann denn »gut« überhaupt definieren? Im Allgemeinen glaube ich, dass die allermeisten Menschen ein sehr gutes Gefühl dafür haben, was sich richtig und gut anfühlt. Manche Menschen nennen das auch Gewissen. Und darin steckt ja das Wort Wissen, obwohl es sich eigentlich eher um ein Gefühl handelt.

Aber normalerweise brauchen wir dazu keine Wissenschaft. Wenn wir Müll in der Natur entsorgen, wenn wir die Hälfte vom Essen wegwerfen,

wenn wir andere ausbeuten oder daran beteiligt sind – dann spüren wir meist, dass das nicht gut ist.

Und bei komplexeren Fragen sollte der erste Schritt, um die Welt besser zu machen, immer sein: Sich bei kompetenten Menschen oder sonstigen Informationsquellen möglichst gut informieren und danach die entsprechenden Schlüsse ziehen und danach handeln.

Was waren die Neuigkeiten aus dem Film Plastic Planet, *die Sie zu dem Entschluss geführt haben, ab jetzt plastikfrei zu leben?*

Einerseits die gigantische Dimension der Müllproblematik und Verschwendung auf unserem Planeten. Das war mir vorher nicht bewusst, nicht in dem Ausmaß. Die Information über den potentiellen Schadstoffgehalt von Kunststoffen und die teils dramatischen Auswirkungen auf unsere Gesundheit und die Natur, sowie die Einsicht, dass niemand mir eine Garantie dafür geben kann, dass die Kunststoffverpackungen, die wir mit den Produkten mitkaufen, tatsächlich frei von Schadstoffen sind.

Wie können wir Plastikmüll (und idealerweise sogar Müll allgemein) vermeiden, in einer Welt, in der alles doppelt und dreifach verpackt ist? Welche Maßnahmen schränken unser Leben nicht oder kaum ein, haben aber eine große Wirkung?

Eine der einfachsten Maßnahmen, die ich jedem Haushalt empehlen kann, ist vorerst einmal folgende:

Sichten Sie den Plastikmüll unter dem Gesichtspunkt: Was davon ist vermeidbar?

Und was davon ist tatsächlich überflüssig? Das sind sehr individuelle Entscheidungen, aber sie führen meiner Erfahrung nach in jedem Fall dazu, dass sich einige Dinge als überflüssig oder zumindest als verzichtbar oder austauschbar erweisen. Mit diesen Dingen sollte man dann beginnen.

Prinzipiell immer mit Dingen anfangen, die man in der jeweiligen Lebenssituation leicht umsetzen kann

und sich langsam zu den schwierigeren vorarbeiten – das hilft, die Motivation zu erhalten! Fürs Einkaufen ist die wichtigste Maßnahme, die jeder absolut kostenfrei umsetzen kann: Keine Tüten mehr aus den Geschäften mitnehmen, sondern immer eigene Stofftaschen, Beutel, Körbe, usw. verwenden. Das dient nicht nur der Müllvermeidung, sondern auch der Bewusstseinsbildung aller, die das mitbekommen (Verkäufer, andere Kunden, etc.). Und das ist für mich eine der wichtigsten Wirkungen überhaupt.

Wie haben Sie Ihre Familie überzeugt und wie haben Sie es geschafft, dass der Familienfrieden nicht schief hing?

Meine Familie war von sich aus von Anfang an von der Sache überzeugt. Mein Mann, weil er Unnötiges noch nie gemocht hat (und Plastikmüll, sowie auch viele Plastikgebrauchsgegenstände, zu den unnötigsten Dingen auf dieser Welt zählen ...) und die Kinder, weil sie sehr naturverbunden sind und erst kurz davor bei unserem Urlaub am Meer erlebt haben, wie furchtbar sich unser verschwenderischer und achtloser Umgang mit Plastik auf unsere Natur und die Lebewesen auswirkt.

Der Familienfriede war deshalb nicht gefährdet, weil wir das ganze Experiment trotz aller Leidenschaft nicht radikal angegangen sind und jedes Familienmitglied auch ein Vetorecht hatte. Außerdem war es eine Bedingung, die wir uns selbst für das Experiment gegeben haben, dass es uns Spaß machen und nicht zu Streit oder Stress in der Familie führen soll. Dadurch, dass wir von außen und auch medial so viel positives Feedback erhalten haben und ich unsere Erfahrungen auch in meinem Buch *Plastikfreie Zone* schildern konnte, ist es bis jetzt für alle eine sehr positive Erfahrung.

Aber bei allem Wissen darüber, was in der Welt alles verändert werden muss, damit wir und unsere Kinder auch in Zukunft hier gut leben können (und das meine ich in diesem Fall sehr global). Ich finde es so wichtig,

Spaß, Freude und die Verbundenheit zu anderen nicht zu verlieren.

Ich glaube, das war auch der Schlüssel zum Erfolg unseres Experiments!

1231 km schwamm Prof. Dr. Andreas Fath im Sommer 2014 durch den Rhein, in 28 Tagen mit Pausen. Er ist Leistungsschwimmer, aber der Grund für diese Aktion war wissenschaftlicher Natur: Er untersuchte die Wasserqualität und wollte auf Gewässerschutz aufmerksam machen.
Andreas Fath (geb. 1965 Speyer am Rhein) studierte in Heidelberg Chemie und ist seit 2011 Professor an der Hochschule Furtwangen. Er erhielt zahlreiche Preise, zum Beispiel den Umsicht-Wissenschaftspreis der Fraunhofer-Gesellschaft wegen seines Patentes für den Abbau bestimmter Tenside im Wasser.

Andreas Fath – Experte für Schadstoffbelastung des Wassers

Reduce, reuse, recycle – auch beim Wasser.

Wie kann man als Einzelner die Welt besser machen? Und wie können wir sicher sein, dass es wirklich gut ist, was wir tun?

Andreas Fath: Solange in unserer industrialisierten Welt alles auf die drei Ws »Wachstum, Wohlstand und Wegwerfen« ausgerichtet ist, stellt sich für jeden Einzelnen in dieser Gesellschaft nur die Frage, welche Handlungen das geringere Übel verursachen. In den Entwicklungsländern stellt sich diese Frage keiner, denn dort geht es Tag für Tag eher ums Überleben und unsere Umweltprobleme werden von der dort lebenden Bevölkerung nicht verursacht.
Jeder Einzelne hat die Möglichkeit, die Welt besser zu machen, indem er nach bestem Wissen und Gewissen handelt und ständig aufs Neue überprüft, welche Auswirkungen bestimmte Projekte oder Handlungen haben, um dann gegebenenfalls rechtzeitig entgegenzusteuern. Nach einer buddhistischen Weisheit heißt es: »Wer immer glücklich sein will, muss sich ständig verändern.«
Sicher sein, dass es wirklich gut ist, was wir tun, können wir nicht, da wir im Allgemeinen die Tragweite von technischen Prozessen oder Produkten nicht überblicken. Ein Beispiel sind Kernkraftwerke, die zu Beginn ihres Einsatzes als die emissionsfreie Alternative zu Kohlekraftwerken galt, ohne dass man sich intensivere Gedanken um potentielle Störfälle gemacht hätte. Jetzt nach einigen Unfällen und Endlagerproblemen für den radioaktiven Müll sind zumindest einige Staaten schlauer, obwohl sie damals nach besten Wissen gehandelt hatten.
Wenn *The three R's* im so benannten Song von Jack Johnson uns als »Ohrwurm« ständig präsent wären, sodass wir immer an

reduce, reuse, recycle

denken und danach handeln würden, dann könnten wir in der Tat die Welt ein Stückchen besser machen.

Wir kommen aus dem Wasser und bestehen noch zu ca. 70% daraus. Alle Stoffwechselprozesse von lebenden Organismen laufen im Lösungsmittel Wasser ab.

Die Wassermenge auf der Erde ist konstant, nicht aber die Menge des als Trinkwasser verfügbaren Süßwassers.

Das Wasser bewegt sich in einem Kreislauf zwischen allen drei Aggregatszuständen. In jeder Phase dieses Kreislaufs setzt der Mensch Substanzen frei, sei es durch Industrieabgase, Krankenhaus- oder Haushaltsabwässer, Düngemitteleinsatz, Brandbekämpfung, Müllverbrennung etc. Innerhalb dieses Kreislaufs steht der Mensch, stehen wir als Konsumenten dieses »Kreislaufwassers«. Ich denke, damit müsste wirklich jedem klar sein, warum es wichtig ist, unser aller Wasser sauber zu halten. Zu Wasser gibt es eben keine Alternative wie beispielsweise zur Energie aus Kohle oder Erdöl.
Bleibt die Frage nach dem »Wie«. Im Prinzip ist die Antwort darauf einfach: Wir müssen lediglich der Natur ihre Leihgabe in der Qualität zurückgeben, wie wir sie erhalten haben. Warum fällt uns das bei der Natur schwerer als bei einem Freund oder Nachbarn? Wenn man sich vorstellt, dass man Leitungswasser, eines der höchst kontrollierten Lebensmittel, innerhalb von nur 20 cm vom Armaturenauslauf bis zum Abflusssieb im Spülbecken derart mit Speiseresten, Fetten, Ölen,

Seifen, Zahnpasten, Peelings, Shampoos, Medikamenten etc. derart verschmutzt, wird deutlich, dass eine technische »end of the pipe«-Lösung, die alles Abwasser vor dem Zulauf in unsere Flüsse wieder zu Trinkwasser macht, unmöglich ist. Kläranlagen haben in diesem Zusammenhang die Wasserqualität unserer Flüsse entscheidend verbessert. Dennoch schwimmen noch zahlreiche Chemikalien in unseren Trinkwasserquellen.
Unverständlich ist auch, weshalb wir unsere menschlichen Ausscheidungen mit sauberem Trinkwasser abspülen, nur weil es noch zu wenig kostet.
Wir können einiges tun, um unser Wasser sauber zu halten und gleichzeitig Energie zu sparen: Streng nach den drei R's »reduce, reuse, recycle« den Wasserverbrauch und damit die Abwassermenge reduzieren. Verbrauchtes Duschwasser, das sogenannte Grauwasser, noch einmal nutzen zur Toilettenspülung oder zur Gartenbewässerung, zuvor sollten wir die Energie des immer noch warmen Duschwassers über Wärmetauscher erneut der Warmwasserbereitung zuführen, um Primärenergie zu sparen.
Das Reduce in unserem Konsumverhalten allgemein hat Auswirkungen auf unsere Wasserqualität. Als Beispiel dafür steht unser wachsender Fleischhunger. Unser Fleischbedarf kann nur noch über die Massentierhaltung gedeckt werden. Damit es nicht zu Epidemien unter den vielen auf engem Raum gehaltenen Tieren kommt, werden prophylaktisch Antibiotika mit dem Tierfutter verabreicht. 70–80% der Wirkstoffe werden wieder über Kot und Urin ausgeschieden und als Gülle auf unseren Feldern »entsorgt«.
Das Reuse und recycle sollte sich nicht nur auf das Wasser, sondern auch auf Produkte aus Kunststoffen, die unsere Gewässer mehr und mehr belasten, beziehen. Um den Kunststoffmüll in unseren Ozeanen und Flüssen zu reduzieren, sollten alle Kunststoffe gesammelt und recycelt werden.

Der Verbraucher hat es selbst in der Hand, ob er auf Getränke mit künstlichen Süßstoffen oder Peelings, Zahnpasten und Wimperntusche mit Mikroplastikpartikeln verzichtet.

Einen besseren Abtrag von Hautpartikeln oder Zahnbelag kann man auch durch natürliche und abbaubare Substanzen erzielen, beispielsweise mit gemahlenen Nussschalen oder Bienenwachs, denn die Natur lässt nichts übrig von dem, was aus ihr entsteht.

Welche Stoffe in Putzmitteln, Kosmetika, Waschmitteln, Düngemittel und Pestiziden etc. sollten wir meiden und warum?

Auf meiner Schwimmtour durch den Rhein haben wir, das Projektteam »Rheines Wasser«, zusammen mit anderen Instituten Stoffe gefunden, die anthropogenen Ursprungs sind und die nicht in unsere Gewässer gehören. Über den Wasserkreislauf gelangen einige von diesen Stoffen in unseren Organismus. Noch vor einiger Zeit habe ich gelesen, dass im menschlichen Organismus etwa 300 nicht körpereigene Substanzen, einschließlich Mikroplastikpartikel, nachgewiesen wurden. Mittlerweile gibt es wohl einen neuen Spitzenreiter mit 800 nachgewiesenen körperfremden

Substanzen. Möglicherweise kompensiert der medizinische Fortschritt einhergehend mit der steigenden Lebenserwartung diesen nicht gesundheitsfördernden Trend. Dennoch wird eine steigende Unfruchtbarkeit aufgrund von Umweltgiften diagnostiziert.

Wir sollten generell alle Stoffe meiden, die in der Natur nicht abgebaut werden können.

Denn auch, wenn ihre Toxizität für den Menschen in klinischen Studien nicht nachgewiesen wurde, ist es ein Gebot der Nachhaltigkeit, potentielle Schadstoffe nicht freizusetzen. Wir kennen die Wirkung auf andere Lebewesen nicht und wenn wir die Wirkung bemerken, könnte es bereits zu spät sein.

Konkret zu den Stoffen, die wir meiden oder reduzieren sollten, da sie im Rhein, unserer Trinkwasserquelle für 22 Millionen Menschen, in nachweisbaren Konzentrationen vorkommen. Dazu gehören die synthetischen Süßstoffe wie Acesulfam und Sucralose aus unseren light Getränken, die uns sicher nicht schlank machen und die selbst Getränken zugesetzt werden, die nicht als »light« ausgewiesen werden. Berechnet man die Fracht pro Jahr, die in die Nordsee transportiert wird, kommt man pro Süßstoff auf etwa 50 Tonnen im Jahr. Da die Süßwirkung 200-fach stärker ist als bei der Glucose, schmeckt die Nordsee vielleicht einmal nicht mehr so salzig. Was das für eine Auswirkung auf unser Ökosystem hat, ist bisher nicht bekannt. Sobald wir es wissen, ist es zu spät.

Gleichermaßen verhält es sich mit den Benzotriazolen in unseren Spülmaschinentabs, mit denen wir täglich unsere Spülmaschine laden. Diese Substanzen bauen sich ebenso wenig ab und landen im Tonnenmaßstab in der Nordsee. Bei den Medikamenten und Pestiziden sind die Konzentrationen zwar etwas geringer, aber dennoch alarmierend.

Röntgenkontrastmittel, Antibiotika und Betablocker finden sich ebenso im Rhein wie das Climbazol aus unseren Anti-Schuppen-Shampoos.

Das zeigt, dass wir diese Stoffe sehr häufig benutzen und dass sie in unseren Kläranlagen nicht restlos abgebaut werden. Deshalb sollten wir immer hinterfragen, ob wir auf entsprechende Produkte und Medikamente verzichten könnten bzw. sie reduzieren können. Auf den Einsatz von Mikroplastikpartikeln in unseren Kosmetikprodukten können wir zum Beispiel sicher verzichten. Aus jedem Waschvorgang unserer synthetischen Textilien werden auch Mikroplastikfasern freigesetzt. Andererseits entsteht sekundäres Mikroplastik aus Makroplastikmüll, den wir nicht sachgerecht in gelben Säcken entsorgen. Problematisch daran ist, dass unsere Kunststoffprodukte nicht nur aus dem Polymer entstehen, sondern auch noch Additive wie Flammschutzmittel, UV-Stabilisatoren, Weichmacher etc. enthalten.

Zu ambitioniertes Wassersparen, heißt es, sei in Deutschland gar nicht ideal, weil die Rohre kaputt gehen könnten, wenn durch sie zu wenig Wasser fließt. Ist es dennoch sinnvoll, (Trink-) Wasser zu sparen?

Weil die Aufbereitung Energie kostet, ist es sinnvoll Wasser zu sparen. Dadurch entsteht weniger Abwasser, welches unter Energieaufwendung oft mehrstufig behandelt werden muss. Es ist richtig, dass unsere Abwassersysteme mit den Rohrleitungen für den rückläufigen Wasserverbrauch zu groß dimensioniert sind. Die Schmutzfracht kann durch zu wenig Wasser nicht mehr durch die schwache Strömung abtransportiert werden. Es kommt durch Austrocknungen und niedrigem Wasserstand zu liegengebliebenen Fäkalien und Abwasserresten mit hoher aufkonzentrierter Nährstoff- und Schadstoffbelastung.
Das heißt jedoch nicht, dass wir deswegen kein Wasser sparen sollen, um unsere Abwasserleitungen nicht zu zerstören. Das wäre genauso paradox wie, dass wir keine Elektroautos bauen, deren Akkus wir zu Hause mit Solarenergie tanken, nur weil deswegen die Tankstellen, die weiter Benzin verkaufen, »kaputt gehen«. Wenn wir so dächten, hätten wir noch heute nur Kerzen oder Petroleumlampen. Natürlich kostet es viel Geld, unsere Abwassersysteme zu sanieren, aber es nicht zu tun, spart auch kein Geld, denn dieses müssten wir in den Kampf um den Zugang zu den immer knapper werdenden Trinkwasserquellen investieren. Das ist keine Schwarzseherei, diese Kriege um das »transparente Gold« gibt es bereits.

Gibt es darüber hinaus noch etwas, das Sie erwähnen möchten?

Meine Generation und auch die kommende ist immer noch eine Generation der »Aufräumer« für die vorangegangenen Generationen. Wir »kehren radioaktiven Müll unter den Teppich«, sanieren Böden von Altlasten aus alten Fabriken, verbrennen Müll, fixieren

Abfallstoffe im Straßenbau etc. Wir sollten uns mehr und mehr in die Lage versetzen, unsere Energie und unser Know-how dafür einzusetzen, wie es uns gelingen könnte, weniger Aufräumarbeiten leisten zu müssen. Ein Schritt in diese Richtung ist bereits getan. Einige nachhaltig handelnde Unternehmen beziehen in ihren Produkt-Entstehungsprozess für die Materialauswahl – neben Funktion und Design – auch chemische Inhaltstoffe mit ein, die bei der Entsorgung keine Schwierigkeiten machen würden. Unternehmen, die das nicht tun, werden durch Chemikalienverordnungen, wie beispielsweise die europäische Verordnung REACH dazu gezwungen, sich über ihr Produkt, die Produktionshilfsmittel, die einzelnen Komponenten und die Lieferkette dezidierte Gedanken zu machen. Da ein Fehler durch Nichtbeachtung mit Image- und damit mit Umsatzverlust verbunden ist, wird der ökologische Fingerabdruck eines Produkts Teil der Erfolgskriterien eines Unternehmens. Alles, was zu Umsatzverlust führen würde, wird sicher nicht ignoriert und wird sich in der Firmenlandschaft als Überlebenskriterium durchsetzen.

Wenn ein Kriterium für die Kaufentscheidung neben dem Preis und dem Design auch noch die Ökobilanz des Produktes ist, dann sind wir auf dem Weg, die Welt tatsächlich etwas besser zu machen. In diese Ökobilanz müssen die CO_2-Freisetzung, der virtuelle Wasserverbrauch und die chemischen Inhaltstoffe miteinbezogen werden.

Kläranlagen bereiten unser Wasser in einem dreistufigen Verfahren wieder auf – mechanisch, biologisch und chemisch. Das Bild zeigt ein Absetzbecken (vorne) und einen Teil der Belebungsablage der zweiten biologischen Stufe (hinten) der Kläranlage Nürnberg.

Woher weiß ich, ob Ökostrom kein Lockangebot ist?
Welche Stromspartipps sind am effizientesten?
Schaden wir mit Windparks und Solaranlagen der Natur?

Energie

Dipl.-Ing. Christof Timpe ist seit 19 Jahren Leiter des Bereichs Energie und Klimaschutz am Öko-Institut in Freiburg.
Seine Schwerpunkte sind unter anderem, durch welche politischen Maßnahmen die Energiewirtschaft nachhaltiger gestaltet werden kann, der Bedarf zum Umbau der Stromnetze im Zuge der Energiewende und die Kennzeichnung von Ökostrom.
Christof Timpe (geb. 1965 in Erlangen) ist Diplom-Ingenieur der elektrischen Energietechnik, studierte in Erlangen-Nürnberg und arbeitet seit 1993 am Öko-Institut.

Christof Timpe – Experte für Energiewirtschaft

Nicht jeder Ökostrom ist wirklich öko.

Wie kann man als Einzelner die Welt besser machen? Und wie können wir sicher sein, dass es wirklich gut ist, was wir tun?

Christof Timpe: Ich glaube, es kommt auf zwei Dinge an. Zum einen darauf, dass man als Konsument bei den zentralen Entscheidungen das Richtige tut; dass man sich bewusst ist, wo die größte ökologische Handlungsmöglichkeit besteht und dort auch konsequent handelt. Da kommen wir ja gleich noch auf ein paar Details. Zum anderen sollte sich der Wunsch, die Welt zu verbessern, auch in Wahlentscheidungen ausdrücken. Das heißt, wenn Sie alle vier oder fünf Jahre auf Bundes-, Landes- oder kommunaler Ebene Ihr Kreuzchen setzen – dann überlegen Sie sich gut, wohin Sie es setzen.

Woher weiß ich, ob ein vermeintlich grünes Stromangebot auch wirklich sinnvoll ist?

Darauf muss man wirklich achten, wenn man über den Bezug von Ökostrom etwas für die Umwelt tun will. Alle deutschen Haushaltskunden bekommen schon heute etwa 40% Strom aus erneuerbaren Energien geliefert, aufgrund der Förderung durch das Erneuerbare-Energien-Gesetz. (Bei den Industriekunden ist das etwas anders.) Das ist keine besondere Leistung des Stromanbieters, sondern gesetzlich vorgeschrieben.

Wer wirklich guten Ökostrom kaufen will, sollte sich nach Gütesiegeln richten.

Es gibt davon mehrere, wir als Öko-Institut sind selber Träger des Gütesiegels »ok-power« (Im Internet unter www.ok-power.de). Alle dort aufgeführten Stromprodukte kann man uneingeschränkt empfehlen. Das Kriterium der Bewertung ist, dass diese Stromprodukte im Rahmen des Möglichen dazu beitragen, dass tatsächlich neue erneuerbare Energieanlagen gebaut werden und nicht nur schon bestehende, beispielsweise alte Wasserkraftwerke, einfach den Kunden neu zugeordnet werden. Das ist der wesentliche Punkt, auf den wir bei der Zertifizierung achten.

Welche Maßnahmen sind die effizientesten, um unseren Stromverbrauch im Haushalt zu senken? Gehen Geräte vielleicht durch ständiges Ein- und wieder Ausschalten sogar schneller kaputt?

Beim Energieverbrauch im Haushalt sollten wir nicht nur an Strom denken, sondern auch an Wärme, darauf komme ich später noch.
Wenn es um Stromverbrauch geht, suchen Sie zunächst einmal die Haupt-Stromverbraucher. Falls Sie nicht gerade Eigentümer eines Hauses sind, dann sind das typischerweise die Geräte, die dauerhaft laufen (wie Tiefkühltruhe und Kühlschrank) oder einen hohen Energiebedarf haben (wie etwa Wasch- und Spülmaschine und insbesondere Wäschetrockner). Bei diesen Geräten wie auch bei der Beleuchtung sollte man auf jeden Fall darauf achten, dass sie modern sind – eine Faustregel sagt: alle Kühl- und Gefriergeräte, die schon älter als 15 Jahre sind, sollte man austauschen und durch ein Bestgerät ersetzen. Dabei ist es natürlich wichtig, dass das alte Gerät nicht als Zweitkühlschrank im Keller weiter betrieben wird. Und die Eigentümer eines Hauses sollten zunächst schauen, ob sie eine effiziente, drehzahlgeregelte Heizungspumpe im Keller haben. Hier bietet auch die EcoTopTen-Initiative, die das Öko-Institut trägt, viele hilfreiche Tipps für Verbraucher, zum Beispiel, was man im Haushalt tun kann und unter welchen Bedingungen man ein Gerät vorzeitig austauschen sollte (www.ecotopten.de).

Dass Geräte durch Ein- und Ausschalten kaputt gehen, war früher mal so: Bei den klassischen Energiesparlampen hat man sich Sorgen gemacht, dass diese Schaden nehmen. Heutzutage gibt es im Beleuchtungsbereich fast nur noch LEDs (Leuchtdioden-Lampen), diese sind sehr robust und halten sowieso viele Jahre, bei ihnen braucht man sich wegen Ein- und Ausschalten keine Gedanken zu machen.
Und was sich immer lohnt ist, einfach mal durch die Wohnung zu gehen und zu gucken, wo Dauerverbraucher am Netz sind, die man vielleicht nicht immer braucht. Diese Geräte – mit Ausnahme von Anrufbeantworter oder Videorecorder – kann man dann mit einer schaltbaren Steckdosenleiste abschalten.

Viele sagen, selber Energie zu sparen, nütze ohnehin nichts, angesichts der immensen Emissionen der Industrie und solange die Politik nicht handelt – wie sehen Sie das und wie sind die Anteile am CO_2-Ausstoß wirklich verteilt?

Die Haushalte sind direkt für etwas mehr als 10% der deutschen CO_2-Emissionen verantwortlich. Aber dem Haushalt zuzurechnen ist natürlich auch ein guter Teil des Verkehrs, dieser macht fast 20% aus, und auch ein Teil der Emissionen aus der Strom- und Fernwärmeerzeugung: Wenn man alles zusammenzählt, tragen die Haushalte zu etwa 30% der deutschen CO_2-Emissionen bei. Das ist eine ganze Menge und wenn man die reduzieren kann, sollte man das machen – es hilft ja nichts, wenn jeder immer auf den anderen zeigt und sagt: »Fang du mal an.«
Die Politik handelt übrigens durchaus: Gerade auch im Bereich der Haushalte bemühen sich die Bundesregierung und viele Kommunen darum, die Menschen zum Energiesparen zu bewegen. Oft fällt das aber schwer, weil sich viele Menschen dafür nicht wirklich interessieren. Deshalb halte ich es für sehr wichtig, dass die Menschen, denen das Thema etwas bedeu-

tet, unbedingt auch bei sich anfangen, denn nur dann kann man es schließlich auch von anderen einfordern. Im privaten Bereich spielt auch das Verkehrsverhalten eine große Rolle — also die Frage, ob ich das Auto benutze oder mal mit dem Fahrrad oder dem Bus fahre, ob ich größere Strecken mit der Bahn zurücklege oder mit dem Flugzeug, ob ich dreimal im Jahr nach Mallorca oder auf die Kanaren fliege ... Speziell die Flugreisen sind absolut dominant in der persönlichen CO_2-Bilanz. Wer wirklich etwas tun will, sollte in diesem Bereich beginnen.

Ist das Niedrigenergiehaus das Optimum oder ein »Energie-Plus-Haus«? Und wie können wir in einem »normalen« Haus beim Heizen Energie sparen – ohne im Winter zu frieren?

Generell sind natürlich immer Häuser gut, die möglichst wenig fossile Energien verbrauchen und damit möglichst wenig CO_2 erzeugen. Aber im Neubaubereich ist das Niedrigenergiehaus, wie wir es früher kannten, eigentlich schon gar nicht mehr der Standard. Die Energieeinsparverordnung wird gerade wieder erneuert und 2016 soll der Baustandard nochmals verschärft werden, sodass die jetzt neu gebauten Häuser tatsächlich fast keine fossile Energie mehr verbrauchen. Das ist aber nicht unser Hauptproblem, denn auch im Jahr 2030 oder 2050 wird der größte Teil der Wohnfläche in Gebäuden sein, die heute schon stehen. Der Schlüssel zum Klimaschutz ist es also, ältere Gebäude zu dämmen, (etwa zum Beispiel die vielen Beton-Bauten aus den 60er- und 70er-Jahren). Das ist die größte Herausforderung, die wir im Haushaltsbereich haben.

Am wichtigsten ist es, das zu Haus dämmen.

Als Mieter können Sie das natürlich nicht selbst machen, aber Sie können mit den Vermieter sprechen. Manche sagen, so entstehe Schimmel – das ist Unfug: Schimmel entsteht in Häusern, die schlecht gebaut oder schlecht saniert sind.

Wie man durch sein Verhalten Heizenergie sparen kann, dafür gibt es einen ganzen Schwung von Empfehlungen. Das Wichtigste ist zunächst, nur die Räume zu heizen, in denen man sich auch wirklich aufhält und zu prüfen, ob nicht eine Temperatur von 20 Grad ausreicht (anstatt 24 Grad, wie es manche Leute haben). Und das richtige Lüften ist auch immer ein Thema, vor allem bei Gebäuden, die keine Lüftungsanlage haben. Man sollte nicht heizen und ständig die Fenster kippen, sondern stoßlüften. Also alle ein, zwei Stunden kräftig durchlüften und dann das Fenster wieder schließen. Das reicht vollkommen aus und so fühlt man sich wohl. Die modernen Häuser brauchen übrigens kaum noch eine Heizung, sie beziehen ihre Energie überwiegend durch Sonneneinstrahlung und die internen Wärmegewinne durch elektrische Geräte und die Personen im Haus. In diesen Häusern fühlt man sich als Bewohner am wohlsten, weil es dort weder zugig ist, noch besonders heiß an einem Heizkörper. Ich lebe selbst in so einem Haus und kann es nur empfehlen.

Gibt es darüber hinaus noch etwas, das Sie erwähnen möchten?

Es gibt noch einen politischen Aspekt: Viele Menschen, die eigentlich für die Energiewende sind, oder das von sich zumindest behaupten, sprechen sich gegen Windkraftanlagen in ihrer Gegend aus oder gegen den Bau von Stromleitungen. Einerseits kann man das natürlich verstehen: niemand hat gerne solche Anlagen direkt vor seinem Wohnzimmerfenster. Anderseits muss man sagen: Wenn wir Atomkraftwerke und Kohlekraftwerke abschalten und erneuerbare Energien nutzen wollen, dann brauchen wir eine andere Infrastruktur. Und die Energiewende wird schwierig zu realisieren sein, wenn wir nicht die Windkraft in der Fläche stark ausbauen können – das heißt eben nicht nur an der Nordseeküste – und wir werden auch neue Stromtrassen brauchen. Wer sich da betroffen fühlt, sollte in sich gehen und überlegen, ob das nicht doch der persönliche Beitrag zur Energiewende sein kann und sie

einen Windpark oder eine Stromtrasse in der Nähe akzeptieren. Wenn der Widerstand zu vehement ist und Projekte verhindert werden, kann die Energiewende daran letztlich sogar scheitern.

Jesse Fahnestock – Experte für erneuerbare Energien

Erneuerbare Energien sind auf der Zielgeraden. Aber wir müssen effizienter sein.

Jesse Fahnestock (Schweden / USA) ist seit 2013 Senior Projekt Manager am Schwedischen Technischen Forschungsinstitut. Dort analysiert er die kommenden Entwicklungen im Bereich erneuerbarer Energien, um auf diese Weise Unternehmern und Politikern zu helfen, nachhaltige Entscheidungen zu treffen.

Jesse Fahnestock (geb. 1974 in Pennsylvania) machte seinen Master of Business Administration als Stipendiat der Skoll-Stiftung in Oxford und arbeitete zehn Jahre lang in Nachhaltigkeits- und Umweltbereichen von Unternehmen, darunter das Weltwirtschaftsforum in Genf und der schwedische Stromkonzern Vattenfall.

Wie kann man als Einzelner die Welt besser machen? Und wie können wir sicher sein, dass es wirklich gut ist, was wir tun?

Jesse Fahnestock: Das Wichtigste ist, nicht die Hoffnung zu verlieren. Es gibt so viele Dinge, die jeder tun kann, und die meisten wissen, welche das sind. Sie können die Art verändern, wie Sie Energie nutzen, wie Sie verreisen, wie Sie einkaufen. Sie können wählen gehen, Sie können Aktivist für eine bestimmte Sache werden, Sie können investieren – mit all dem können Sie etwas bewirken.
Die Taten von Einzelnen können leicht nutzlos erscheinen, wenn das übergreifende System nicht auf Nachhaltigkeit ausgelegt ist. Experten sagen, dass die positiven Effekte von biologischem Einkaufen oder ethische Geldanlagen durch die negativen Handlungen der anderen mehr als zunichte gemacht werden.

Aber unsere Taten haben Signalwirkung und summieren sich.

Oftmals erkennen wir das Potential einer kleinen Tat nicht, bis sie dann unaufhaltsam geworden ist.
Im sozialen Bereich ist das schon oft vorgekommen: Das sehen wir gerade jetzt mit den Rechten und der Akzeptanz von Schwulen, Lesben, Bi- und Transsexuellen, genauso wie wir es in Amerika in den 1960ern mit den Bürgerrechten von Afroamerikanern beobachten konnten. Was für tief verwurzelte Werte gehalten wurde, verwandelt sich überraschend in ein neues Gleichgewicht.
Wir sollten uns natürlich selbst weiterbilden, aber nicht verrückt machen, was das »Beste« ist, was man tun kann. Ein gesunder Menschenverstand ist an und für sich eine gute Richtlinie. Wir können nicht für

alles, was wir tun, eine Lebenszyklusanalyse vornehmen – und selbst wenn, würde es uns wahrscheinlich trotzdem nicht viel darüber verraten, was die »besten« Lösungen sind, bezogen auf die Gestaltung von unserem ganzen System.

Welche Technologien für saubere Energie scheinen greifbar (und sind vielleicht noch unbekannt) und was sind Chancen und Risiken? Reichen neue Technologien oder müssen wir unseren Energieverbrauch drastisch herunterschrauben?

Technologien zur Energiegewinnung sind auf der Zielgeraden.

Wenn wir uns weiterhin verpflichten, unsere Energiesysteme zu transformieren, werden sie in zehn Jahren »billig genug« sein – damit meine ich, so billig, dass eben gerade noch keine Gegenreaktion ausgelöst wird und dadurch dann der Verbrauch ansteigt. Die momentan spannendste Entwicklung scheint die Energiespeicherung. Wenn Batterien (und andere Speichertechnologien) ähnliche Prozesse durchlaufen, wie es die Solaranlagen gerade erst getan haben, dann werden wir wirklich Grund haben, optimistisch zu sein. Die einzige Kehrseite dieser Technologien waren immer die Kosten, aber wenn wir in diese Richtung weiterarbeiten, können wir es uns wirklich leisten, ein komplett erneuerbares Energiesystem zu planen, mit sehr niedrigen Emissionen. Trotzdem:

Wir müssen drastisch effizienter werden.

Effizienz ist nicht nur für die Umwelt von Wert: es hilft, Technologien zu finanzieren, die ein wenig teurer sind. Aber Effizienz und neue Technologien müssen Hand in Hand gehen: wenn wir effizienter heizen und Autofahren, führt das dazu, dass mehr Geld übrig ist und dann auch wieder mehr konsumiert wird. Darum muss diese zusätzliche Energie durch CO_2-arme Technologien erzeugt werden, wenn wir den sogenannten »Rebound-Effekt« vermeiden wollen. (Dieser Effekt wäre, dass die Nachfrage ansteigt und so den Vorteil zunichte macht.)

Gibt es schon eine bessere Alternative zur Energiesparlampe?

Mit dieser Frage kämpft der Markt genau jetzt. Ich denke, auf kurze Sicht war es frustrierend für die Verbraucher: die erste Gerneration von Niedrig-Energie-Glühbirnen hat nicht so funktoiniert, wie sich die Leute das vorgestellt haben; sie waren langsam, das Licht war seltsam, und sie haben in einigen Fällen nicht einmal so lange gehalten wie versprochen. Aber diese Kompaktleuchtstofflampen sind relativ schnell besser geworden und jetzt werden sie wahrscheinlich in vielen Situationen durch die LED-Lampen verdrängt. Es mag vielleicht nervig für den Verbraucher im Laden erscheinen, aber in den letzten zehn Jahren ist eine Menge passiert, und auch Dank der Marktkräfte:

Bessere, effizientere und umweltfreundlichere Lösungen sind wirklich möglich, wenn wir die geeigneten

Rahmenbedingungen dafür schaffen.

Was können wir als Verbraucher tun? Wie können wir Einfluss auf die Politik nehmen und Unternehmen dazu bringen, »grün« zu werden?

Wie gesagt, der Effekt ist kumulativ, viele kleine Taten summieren sich und es ist nie klar, wann eine Veränderung sich etabliert. Es stimmt, dass Unternehmen große Anreize haben, v.a. auf die Kosten zu schauen, und dass manche Entscheidungen, die ethische Konsumenten von ihnen fordern, nicht in ihrer Macht liegen. Einige Unternehmen werden Greenwashing betreiben und versuchen, dem Druck der Verbraucher durch Marken zu begegnen und durch Produkte, die der Umwelt nicht wirklich Gutes tun. Aber das Signal bleibt. Die Forderungen der ethischen Konsumenten senden sowohl an die Unternehmen als auch an die Politiker das Signal, dass diese Themen ihren Kunden und Bürgern wichtig sind. Ich will übrigens nicht sagen, dass wir keine direkten Effekte durch unsere Aktionen hätten, aber es stimmt, dass unsere Rolle als Wähler und Signalgeber wahrscheinlich am bedeutendsten ist.

Wie sehen Sie den Weg zu flächendeckend sauberer Energie in Europa? Und wenn wir alle ausschließlich saubere Energie konsumierten – würde dann die Umwelt unter den vielen Windrädern und Solaranlagen leiden?

Im Wesentlichen müssen wir den Weg weitergehen, für den wir uns entschieden haben. Und ich denke, das werden wir. Die große Herausforderung war in vielerlei Hinsicht, den Markt in Bewegung zu setzen. Politiker und Bürger – besonders in Deutschland – haben wirklich viel getan, um das zu ermöglichen. Wir müssen das jetzt aufrechterhalten und unterstützen, aber die Marktkräfte tragen nun ziemlich viel dazu bei, saubere Energie zur Realität werden zu lassen. Wenn wir nicht von unseren Grundsätzen abweichen, glaube ich, dass wir dort hinkommen.

Ich denke nicht, dass die Umwelt unter den Solaranlagen und Windfarmen »leiden« wird, selbst wenn wir sie großflächig einsetzen. Natürlich werden manche dagegen sein, weil sie in ihren Augen die Landschaft verschandeln – aber ich glaube auch, viele jüngere Menschen werden Windfarmen sogar ziemlich schön finden. Es gibt keine Lösungen ohne Kompromisse, aber ich bin überzeugt, dass die Veränderungen in der Natur nicht auch nur ansatzweise vergleichbar sein werden mit jenen, die wir schon längst bereitwillig realisiert haben (die Welt mit Straßen zuzupflastern, zum Beispiel). Effizienz wird wichtig sein – sowohl, was unseren Energieverbrauch angeht, als auch unseren Land- und Platzverbrauch. Aber nochmals, ich glaube, das schaffen wir, vor allem wenn wir und die Politik die geeigneten Rahmenbedingungen schaffen.

Aus dem Englischen von Ann-Kristin Mull

Gibt es ein nachhaltiges Auto?
Wie kann ich beim Reisen auf Umwelt und die Menschen vor Ort Rücksicht nehmen?
Ist Ökotourismus immer Wanderurlaub?

Urlaub und Verkehr

Dr. Axel Friedrich ist Umweltexperte und arbeitete 28 Jahre lang am Umweltbundesamt, zuletzt als Leiter der Abteilung »Umwelt, Verkehr, Lärm«. Er war einer der Hauptbeteiligten beim Aufdecken des VW-Abgasskandals 2015.
2006 erhielt er als erster Europäer den »Haagen-Smit Clean Air Award« für seinen langjährigen Einsatz zur Reduzierung des Schadstoffausstoßes im Straßenverkehr. Axel Friedrich (geb. 1947 in Freital) studierte Chemie an der Technischen Hochschule Berlin und arbeitete mehrere Jahre lang an der Universität Paderborn. Nach einer kurzen Zwischenstation in der chemischen Industrie wechselte er ans Umweltbundesamt. Heute ist er freier Berater (u.a. für die Deutsche Gesellschaft für Internationale Zusammenarbeit) und hält Vorträge auf der ganzen Welt.

Axel Friedrich – Experte für Nachhaltigkeit im Verkehr

Besitzen ist nicht mehr in.

Wie kann man als Einzelner die Welt besser machen? Und wie können wir sicher sein, dass es wirklich gut ist, was wir tun?

Axel Friedrich: Jeder Einzelne alleine kann die Welt nur wenig verändern, aber er kann andere beeinflussen und auf diesem Weg natürlich große Veränderungen bewirken, denn ... alleine ist man nichts, gemeinsam sind wir alles.

Welche Autos halten Sie für die Modelle der Zukunft und kann man sie schon kaufen? Was sind Vor- und Nachteile?

Es gibt zur Zeit kein wirklich zukunftsfähiges Auto,

wir brauchen eine Revolution im Verkehrsbereich, wir brauchen völlig andere Strukturen.

Eigentlich brauchen wir erst einmal viel, viel weniger Autos und dann brauchen wir Autos, die wenig verbrauchen, sauber und lärmarm sind – alles Dinge, die den Leuten helfen.

Reicht der Umstieg auf neue Autotechnologien oder müssen wir Mobilität neu überdenken, um unsere Zukunft nachhaltig zu gestalten? Welche umweltfreundlichen Alternativen zum eigenen Auto gibt es, um im Alltag dennoch flexibel zu sein?

Wir brauchen andere Stadtstrukturen. Wir brauchen andere Lösungen für die Versorgung von Menschen, denn auf Dauer können wir mit unseren jetzigen Strukturen – dass die Menschen in den Vorstädten wohnen

und irgendwo ganz anders arbeiten und einkaufen – nicht mehr überleben. Wir müssen das ändern und wir müssen hier Platzbedarf verringern, denn es geht nicht nur um die Emissionen, es geht auch darum, dass wir pro Jahr mengenweise Flächen umwandeln; das geht auf Dauer nicht, das ist nicht nachhaltig. Abgesehen davon brauchen wir einen Schutz der Biodiversität – auch das ist ein Thema, das in der Öffentlichkeit oft vergessen wird. An all diesen Dingen hat der Verkehr großen Anteil.
Denken Sie einmal darüber nach, was für ein Auto Sie wann und wo brauchen. Ein eigenes Auto ist eigentlich eine dumme Erfindung, denn – wie oft brauchen Sie ein Auto? Am Tag vielleicht eine Stunde. Kein Industrieunternehmen würde eine Maschine kaufen, die es nur einmal am Tag auslastet.

Wenn Sie ein Auto brauchen, dann teilen Sie sich ein Auto, leihen Sie sich ein Auto,

aber das alleinige Auto für einen selbst ergibt eigentlich keinen Sinn und ist aus meiner Sicht nicht nachhaltig. Wir brauchen, wie gesagt, weniger Autos und das bedeutet, dass wir auch den Autobesitz neu definieren müssen.

Besitzen ist nicht mehr »in«.

Wir müssen uns überlegen, wofür wir eigentlich ein Auto brauchen – und in den meisten Fällen brauchen wir keins. Dafür müssen Strukturen geändert werden, dafür braucht man eine andere Stadtplanung, eine andere Regionalplanung – alles Dinge, die wir in der Form leider nicht immer haben.

Wie viel CO_2-Ausstoß pro Kopf und Jahr verträgt unsere Umwelt und wieviel macht eine Flugreise aus oder der tägliche Weg zur Arbeit mit dem Auto?

Wir dürften maximal einen Ausstoß pro Kopf von etwa 1–1,5 Tonnen CO_2-Äquivalenten haben. (Anm. d. Hg.: gemeint sind CO_2 und alle anderen Treibhausgase.) Das bedeutet aber, dass der heutige Mensch in Deutschland (der jährlich einen Ausstoß von 10 Tonnen CO_2-Äquivalenten hat) eine Minderung um 85–90% erreichen müsste. Das Dumme ist nur: Ihr ökologischer Rucksack – noch bevor Sie irgendetwas machen, bevor Sie sich bewegen, bevor Sie essen, etc. – wiegt heute schon 2 Tonnen.

Wenn wir unseren Planeten lebenswert erhalten wollen, muss unser eigener Ausstoß bis 2050 effektiv auf Null kommen.

Also in nur 35 Jahren, darum bleibt nicht mehr viel Zeit, um dieses Ziel zu erreichen. (Das heißt nicht, dass wir den Klimawandel dadurch aufhalten würden.) Auch alleine dies würde bedeuten, dass die Temperaturen im Mittel um 2 °C ansteigen. Im Mittel heißt aber eben

leider nur im Mittel. Es gibt Orte, wo die Temperatur deutlich mehr ansteigen wird. Vor einem Jahr hatten wir in der Arktis im Winter einen Temperaturanstieg von 13 °C über dem langjährigen Mittel. Das ist inakzeptabel. Das Abschmelzen des arktischen Eises führt auch zu Klimaänderungen bei uns.
Eine Flugreise von Berlin nach Frankfurt emittiert so viel wie ein Bangladescher in einem Jahr; das nur als Vergleich, um zu beschreiben, wie wir hier mit unseren Ressourcen umgehen.
Die Emissionen beim täglichen Weg zur Arbeit hängen natürlich vom Weg ab. Wenn wir eine mittlere Emission von 160 Gramm CO_2 pro Kilometer für einen PWK annehmen, einen Arbeitsweg von 30 Kilometer (einfacher Weg: 15 Kilometer) und etwa 253 Arbeitstage im Jahr – dann ergibt das 1,2 Tonnen CO_2 pro Jahr, einzig und allein für die Fahrten zur Arbeit.

Ist ein Ausgleich über Atmosfair, myclimate, etc. sinnvoll oder nur ein falsches gutes Gewissen? Und – angenommen, jeder gliche seine Flüge aus – wie lange kann der wachsende Flugverkehr wirklich dadurch kompensiert werden?

Das kann nicht funktionieren, denn jeder weiß: am Ende muss alles reduziert werden, auch das, was ich ausgleiche. Die Reihenfolge muss immer diese sein: ich muss zuerst meine eigenen Emissionen vermeiden, zweitens vermindern – und wenn das nicht mehr geht, erst dann kann ich einen Ausgleich schaffen. Wer einfach nur versucht, alles abzugelten, der betreibt Ablasshandel.

Gibt es darüber hinaus noch etwas, das Sie erwähnen möchten?

Mir ist wichtig, dass die Menschen

sich einmischen.

Auch und gerade die jungen Menschen. Dass sie nicht den Staat der Industrie überlassen:

Es ist nämlich unser Staat, und nicht der Staat der Industrie.

Wenn man sich nicht einmischt, dann wird genau das passieren, was wir heute haben: eine Demokratie der Industrie. Man kann das schön am Thema Autoindustrie sehen, aber auch an der Stromindustrie. Und das können wir nicht zulassen. Weil es unser Staat ist, muss er von uns beeinflusst werden und das bedeutet, wir brauchen ein deutlich größeres Engagement der Menschen für Umwelt und Nachhaltigkeit. Ohne das wird nichts passieren.

Ein Einzelner hat immer nur beschränkte Einflussmöglichkeiten. Das heißt, wir brauchen eine klare Regelung auf Ebene der Bundesrepublik,

wir brauchen Regelungen

auf Ebene der Europäischen Union, wir brauchen auch die Regelungen, die jetzt in Paris gerade diskutiert werden. Das bedeutet, der Einzelne muss natürlich sein Verhalten bessern, aber vor allem muss er sich einmischen, damit wir Regeln bekommen, die uns allen zu einem besseren Leben verhelfen.

Ludwig Ellenberg – Experte für Naturschutz und Ökotourismus

Was ist normaler Tourismus? Schnäppchenjagd in einem armen Land?

Prof. Dr. Ludwig Ellenberg ist Geograph und Experte auf vielerlei Gebieten: unter anderem für die Kombination von Naturschutz und Tourismus, für die Grenzen der Tragfähigkeit menschlicher Nutzung und die Erschließung von Peripherien.
Ludwig Ellenberg (geb. 1946 in Stolzenau) studierte Geographie in Göttingen und Zürich. Forschungsprojekte und Entwicklungszusammenarbeit führten ihn in mehr als 70 Länder. In der deutschen staatlichen Entwicklungszusammenarbeit mit den Tropen war er jahrelang für Naturschutzvorhaben verantwortlich. Seit 1980 ist er Professor für Physische Geographie sowie für Landschaftsökologie. Als Gutachter und Gastprofessor ist er seit seinem Ausscheiden 2011 aus der Humboldt Universität Berlin weiterhin weltweit tätig.

Wie kann man als Einzelner die Welt besser machen? Und wie können wir sicher sein, dass es wirklich gut ist, was wir tun?

Ludwig Ellenberg: Die erste Teilfrage beantworte ich mit Schlagworten, die wie Titel klingen und bei Gelegenheit ausführlich zu begründen sind: Sich selbst erkennen und entsprechend der eigenen Fähigkeiten handeln, zum oberen Rand innerhalb des Rahmens streben, den das Leben vorgibt, mit Entschlossenheit und Vertrauen und Durchhaltevermögen. Egoismen drosseln, Gesellschaft und Umwelt als wertvollen und verletzlichen Schatz erkennen, Mechanismen für deren Gesunderhaltung lernen und verstehen, gesellschaftsfördernde und umweltbewahrende Organisationen und Vorhaben einzelner Menschen unterstützen. Neugierde und Anteilnahme und Verständnis für die eigene und andere Kulturen lebenslang bewahren, Kontinuität in den eigenen Kontakten halten und dennoch offen sein für neue Verbindungen, Menschen bei ihren Stärken nehmen und ihre Schwächen akzeptieren. Tun mit Lust und Präzision und Konsequenz, aufstehen nach jedem Hinfallen. Junge Menschen begeistern für ein Engagement bezüglich Gesellschaft und Umwelt, Kinder kriegen und sie liebevoll lenkend begleiten, ihnen zwar auch Dinge mitteilen, aber vor allem zuhören und viel Zeit und Aufmerksamkeit für sie haben.
Die zweite Frage kann ich nicht beantworten und bleibe unsicher, ob es wirklich gut ist, was wir tun. Immerhin weisen Reaktionen der Menschen auf dem Lebensweg darauf hin, auch Nachdenken und Beobachten suggerieren, dass die eben genannten Themen zu denen gehören, welche die Welt besser machen und wozu man als Einzelner beitragen kann.

Wie nehme ich im Urlaub auf Umwelt und Menschen Rücksicht?

Wenn man sein Leben wie oben genannt gestaltet, wird Rücksicht bei Reisen auf Umwelt und die Menschen dort selbstverständlich sein; es braucht keine gesonderten Hinweise. Nützlich mag zusätzlich folgender Rezepte-Mix sein: Gute Vorbereitung auf die Reise, Eintauchen in Geschichte und Kultur und Sozialstruktur und Politik und Wirtschaft des Reiseziels, das Thema »Rücksicht auf Umwelt und Menschen« mit Kennern der Region besprechen, Tabus beachten und verstehen.

Langsam reisen, innehalten und vor Ort regionale Veranstalter bevorzugt in die Organisation des Aufenthaltes einbeziehen.

Was bietet Ökotourismus wirklich?

Gemütliches Radfahren in der Uckermark, mehrtägig Bummeln in der Rhön, rasantes Schlittenfahren im Schwarzwald, Beobachten von Gorillas im Kongo, Canyoning in den europäischen Alpen, Begleiten biologischer Expeditionen im Chaco von Paraguay, Trekking in Bergen von Bhutan, Kennenlernen der Kakao-Verarbeitung in Bribri-Gemeinden in Costa Rica (Achtung: Ethno-Tourismus läuft immer Gefahr, übergriffig zu wirken, Tabus zu verletzen, Würde zu rauben, Umwelt zu schädigen), Wandern entlang des East Coast Trails in New Foundland, Kennenlernen von Pilzen im Baltikum, Annäherung an das Dorfleben in Gemeinden an den Rändern von Nationalparks in

Uganda, sogar Jagtourismus in Namibia und Mitwirken bei Projekten des Erosionsschutzes in den Anden von Ecuador und gelenktes Kennenlernen von schwer zugänglichen Teilen mitteleuropäischer Nationalparks können Aktivitäten des Ökotourismus sein.
Entscheidend ist nicht das »Was« und »Wie« und »Wo«, sondern das dreifache Ziel dabei: Reise in naturnahes Ambiente, Stärkung vom Naturschutz und Profit für die Bereisten.

Ist Ökotourismus teurer als normaler? Welche Ökotourismus-Anbieter sind vertrauenswürdig?

Die erste Teilfrage reizt mich zu folgender Gegenfrage:

Was ist »normaler« Tourismus?

Schnäppchenjagd von »all inclusive« als Ghetto-Tourismus in einem Entwicklungsland?
Ökotourismus muss nicht teuer sein und hat Chancen, preiswert zu sein, wenn er Transportkosten klein hält, lokale Unterkünfte mittleren Standards akzeptiert, langsam verwirklicht wird, Abschnitte per Fahrrad oder zu Fuß oder kleinem Boot beinhaltet, seltene Quartierwechsel fordert, mit Kennern der Region zusammen durchgeführt wird.
Die Frage nach vertrauenswürdigen Anbietern ist nicht eindeutig zu beantworten und gehört dauernd aktualisiert. Noch gibt es zu viele »Gütesiegel« mit zu unterschiedlichen Einstiegshürden und zu seltener Nachprüfung. Auffallend ist, dass die »großen« Reiseveranstalter sich zunehmend auf »ökologisch wenig bedenklich« und »sozial möglichst gerecht« ausrichten und damit auch wachsenden Erfolg erlangen. Einzelfallprüfungen sind notwendig, Mundpropaganda ist wertvoller als bedrucktes Papier, im Internet

geäußerte Einschätzungen von früheren Reisenden können hilfreich sein. In wenigen Jahren wird ein Beurteilungssystem von deutschen Anbietern, internationalen Vermittlern und lokalen Tourismus-Akteuren perfektioniert sein und dynamisch auf schnelle Veränderungen reagieren.
Seit 20 Jahren wird an der Internationalen Tourismusbörse Berlin (ITB) im März der ToDo!-Preis für sozial verträgliches Reisen vergeben. Der »Studienkreis für Tourismus und Entwicklung« in Seefeld nominiert aus weltweit konkurrierenden Bewerbern drei Kandidaten, prüft deren Struktur und die bereits realisierte touristische Offerte vor Ort und entscheidet, ob mit einiger Medienaufmerksamkeit die Auszeichnung vergeben werden kann. Zwei solcher Organisationen habe ich selbst evaluiert und empfehle Ihnen, mit Vertrauen auf sie zuzugehen. Dies sind »Uganda Community Tourism Association – UCOTA« (ToDo!-Award 2013) in Uganda und »Asociación Costarricense de Turismo Rural Comunitario – ACTUAR« (ToDo!-Award 2015) in Costa Rica.

Welchen Anteil an der Nachhaltigkeit unseres Urlaubs hat die Anreise? Was raten Sie Menschen, denen Flugreisen sehr am Herzen liegen?

Für Berliner endet das Umweltschonende ihrer Reise, wenn sie in Tegel oder Schönefeld – ab 20xy auch in Berlin-Brandenburg – ins Flugzeug steigen und ähnlich geht es Hamburgern in Fuhlsbüttel, Wienern in Schwechat und Zürchern in Kloten.
Flugreisen belasten die Umwelt und schreddern die am Wohnort aufgebaute Ökobilanz und das klein gehaltene Emissionskontingent. Man kann dies ein bisschen schönrechnen und silberzungig verklausulieren, doch die Anreise bei großer Distanz – auch per Auto und sogar per Bahn – bleibt der Klumpfuß jeder Fernreise. Bei einer Reise nach Neuseeland (»nur der Mond ist weiter«) spielt das Verhalten auf North und

South Island bezüglich der Emissionsproduktion eine verschwindend geringe Rolle im Vergleich zum Flug.

Wenige Reisen und kurze Distanzen

sind die einzigen Parameter, um ökologisch etwas weniger zerstörerisch eingeschätzt zu werden. Bis zu Ende gedacht und konsequent durchgeführt heißt dies: Meist zu Hause bleiben und ab und zu als Wanderung oder Radtour die Regionen der Umgebung des Wohnortes auf gemütlichen Reisen genießen. Tourismus ist für viele Staaten heute der wichtigste Wirtschaftszweig. In vielen Ländern bremst Tourismus die Abwanderung aus den Peripherien in die urbanen Zentren und die Migration in hoffnungsträchtigere Wirtschaftsregionen in fernen Industrieländern. Tourismus kann Naturschutz stärken, traditionelle Landnutzung aufwerten, Kulturen bewahren. Fernreisen werden weiterhin angestrebt, weil Neugierde global ist, finanzielle Verwirklichungen möglich sind, die Sehnsucht nach »neu, anders, weit weg, einmalig, unverwechselbar, fremd« tief in Menschen schlummert und bei winzigen Reizen vehement erwacht.
Es geht also eher darum, in den Zielregionen auf Umweltbelange zu achten und die Andersartigkeit der Gesellschaften als Chance für Annäherung zu begreifen, nicht lediglich als Bühne drastischer Fotoerinnerungen und billiger materieller Prasserei.
Gute Vorbereitung aufs Reisen generell ist eine Forderung, die ich oft stelle: Was erwarten Sie von der Reise? Welche klimatischen Bedingungen werden Sie antreffen und welche Extreme kommen vor? Welche Andersartigkeiten erwarten Sie beim Essen, Trinken, Schlafen, auf der Toilette? Können Sie zehn Floskeln und einige Fragen in der Sprache des Urlaubslandes sagen? Wie viel Wasser benötigen Sie pro

Tag? So viel zur ersten Teilfrage. Antwort auf die zweite Teilfrage: Weiterhin Flugreisen unternehmen,

sich der Umweltbelastung bewusst sein, Belastung »vor Ort« möglichst konsequent minimieren, viel Geld und Emotionen in die bereisten Länder bringen und ab und zu eine Brücke bauen

zwischen dort und hier – als Freundschaft, Ausbildungshilfe, Familienunterstützung.

Gibt es darüber hinaus noch etwas, das Sie erwähnen möchten?

»Trink, o Auge, was die Wimper hält, von dem goldnen Überfluss der Welt.« (von Gottfried Keller, 1819–1890) und »Lebe, wie Du – wenn Du stirbst – wünschen wirst, gelebt zu haben!« (von Christian Fürchtegott Gellert, 1715–1769).

DB SCHENKER
Lufthansa

Wenn wir nur noch »Made in Germany«
kaufen, werden dann die Kinder in Indien arbeitslos?
Kann Wirtschaft ohne Wachstum funktionieren?
Ist es riskant, sein Geld an einer ethischen Bank anzulegen?

Geld und Mensch

Klaus Gabriel – Experte für ethische Geldanlagen

Geld hat Macht. Also lasst es uns in die richtige Bahn lenken.

Dr. Klaus Gabriel ist Sozial- und Wirtschaftsethiker und Geschäftsführer von CRIC e.V., einem gemeinnützigen Verein zur Förderung von Ethik und Nachhaltigkeit bei der Geldanlage. Er unterrichtet an mehreren Hochschulen und Bildungseinrichtungen als Lehrbeauftragter und ist in verschiedenen Ausschüssen und Fachgremien tätig. Außerdem berät er Unternehmen und institutionelle Investoren in Fragen der Ethik und Nachhaltigkeit.

Klaus Gabriel (geb. 1967 in Schwaz/Tirol) arbeitete 10 Jahre lang als Bankkaufmann, als er sich entschied, Theologie und Volkswirtschaft zu studieren. Von 2002 bis 2011 war er Universitätsassistent am Institut für Sozialethik an der Universität Wien mit Lehr- und Forschungsschwerpunkt auf den Gebieten Wirtschaftsethik, Nachhaltigkeit am Finanzmarkt und ethische Geldanlagen.

Wie kann man als Einzelner die Welt besser machen? Und wie können wir sicher sein, dass es wirklich gut ist, was wir tun?

Klaus Gabriel: Als einzelner Mensch kann man die Welt besser machen, indem man sich bemüht, so zu handeln, dass Schaden vermieden und Nutzen gestiftet wird. Häufig befinden wir uns aber in Situationen, in denen wir gar nicht so genau wissen, was gut und was schlecht ist. »Das Gute« lässt sich nicht immer eindeutig definieren und oft müssen wir zwischen verschiedenen Gütern – aber auch Übeln – wählen. Und da kann man sich auch gewaltig irren. Das heißt: Wir können nie vollkommen sicher sein, dass das, was wir tun, auch wirklich gut ist – selbst dann nicht, wenn unser Handeln von guten Motiven geleitet ist und darauf abzielt, niemandem zu schaden und Gutes zu bewirken. Denn viele Dinge in unserer Welt sind komplex und hängen darüber hinaus letztlich auch gar nicht nur von unserem eigenen Handeln ab.
Dieses Bemühen, das Richtige zu tun und gut zu handeln, lässt sich vielleicht auch mit dem Begriff der Verantwortung verdeutlichen: wir handeln verantwortlich, wenn wir bereit sind, über unser Handeln Rechenschaft abzugeben (»ver-antworten«) und zu erklären, warum wir so und nicht anders handeln oder gehandelt haben. Wenn wir das tun, können wir auch die Fehler in unserem Handeln besser erkennen und daraus lernen, wie es besser geht. Der Anspruch kann also gar nicht lauten, immer hunderprozentig richtig zu handeln. Vielmehr geht es darum, sich zu bemühen, so gut wie möglich zu handeln und darin immer besser zu werden.

Wie kann unser Wirtschaftssystem wirklich sozial werden und was können wir dafür tun? Und kann ein hundertprozentig soziales Wirtschaftssystem überhaupt funktionieren?

Ursprünglich wurde mit »Wirtschaft« ein System bezeichnet, welches dazu dient, die Bedürfnisse von

Menschen zu befriedigen und damit dazu beiträgt, dass ein gutes Leben in einer friedvollen Gesellschaft gelingen kann. Heute hat man oft den Eindruck, dass Wirtschaft etwas ganz Eigenständiges ist – etwas, das unser Leben dominiert und gar nicht mehr an den eigentlichen Bedürfnissen der Menschen orientiert ist. Statt »Der Mensch als Mittelpunkt« heißt es dann: »Der Mensch als Mittel (Punkt)«.

Damit muss man sich aber nicht abfinden. Wir können zum Beispiel unser Konsumverhalten so gestalten, dass wir sozial verantwortliche und ökologisch zukunftsfähige Wirtschaftsstile unterstützen. Wir können unsere eigenen Wirtschaftsaktivitäten kritisch hinterfragen und überlegen, ob das Geldverdienen wirklich der wichtigste Aspekt im Berufsleben sein soll. Und wir können uns als Bürger für eine Politik einsetzen, die soziale Rahmenbedingungen für wirtschaftliche Aktivitäten setzt.

Ob ein hundertprozentig soziales Wirtschaftssystem überhaupt funktionieren kann? Diese Frage zu beantworten ist schwer, vor allem, weil die Menschen sehr unterschiedliche Vorstellungen davon haben, was »sozial« oder »gerecht« ist. Aber vielleicht sollten wir uns gar nicht so sehr damit beschäftigen, den Zustand des hundertprozentig Sozialen zu beschreiben, sondern uns lieber aufmachen, die größten Missstände – nämlich existentielle Not, die Ausbeutung von Menschen und die Zerstörung unserer ökologischen Grundlagen – zu bekämpfen.

Warum halten Sie es für wichtig und wirksam, sein Geld bei ethischen Banken anzulegen und welche anderen Formen des Ethischen Investments gibt es?

Die wirtschaftliche Realität, wie wir sie kennen, mit all ihren negativen Auswirkungen, ist kein unveränderliches Naturgesetz, sondern das Resultat gesellschaftlicher und politischer Prozesse. Das wiederum bedeutet, dass diese wirtschaftliche Realität veränderbar ist, weil sie eben das Produkt unserer Praxis ist. Ethisches Investment ist eine Möglichkeit, die Wirtschaft zu gestalten.

Geld hat viel Ähnlichkeit mit Wasser: es fließt dorthin, wo sich ihm Wege öffnen, es kann lebensfördernd sein und Dinge zum Blühen bringen, aber auch Schaden anrichten.

Wenn es gelingt, Geld in die richtigen Bahnen zu lenken, kann viel Positives bewirkt werden. Das ist auch das Ziel von Ethik- und Nachhaltigkeitsbanken,

sie vergeben Kredite an Wirtschaftsakteure, die sozial und ökologisch verantwortlich handeln.

Damit werden wirtschaftliche Praktiken ermöglicht, die für unsere Zukunft richtungsweisend sein können. Darüber hinaus gibt es eine Reihe von Möglichkeiten, sein Geld »ethisch« oder »nachhaltig« zu veranlagen: die Palette reicht von Bürgerbeteiligungsmodellen bis zu Investmentfonds, von Mikrokrediten bis hin zur Finanzierung von Start-ups im sozialen und ökologischen Bereich. Aber Achtung: nur weil etwas ethisch wünschenswert ist, heißt das noch lange nicht, dass es auch ökonomisch vernünftig sein muss. Wer Geld anlegt, muss immer auch die damit einhergehenden Risiken berücksichtigen.

Ist es umständlich oder riskant, sein Geld bei einer ethischen Bank anzulegen, statt bei einer der großen Banken? Gibt es dort weniger Geldautomaten oder niedrigere Zinsen?

Weder noch. Kleine und ethisch oder nachhaltig ausgerichtete Banken bieten vergleichbare Dienstleistungen oder Zinsen an und unterliegen denselben regulatorischen und aufsichtsrechtlichen Standards wie große Banken.

Es ist weder riskant noch umständlich, sein Geld nicht bei einer großen Bank anzulegen.

Große Banken haben beeindruckende Werbebudgets und sind öffentlich präsenter. Aber mal ehrlich: Wollen wir uns unterhalten lassen? Worum geht es? Wenn man die Zukunft gestalten will, muss man sie in die Hand nehmen und etwas tun. Woher wir wissen können, ob das, was wir tun, richtig ist? Siehe oben: Es geht darum, etwas zu tun, eine klare Absicht – nämlich Gutes tun und Schlechten vermeiden zu wollen – vor Augen zu haben und vielleicht auch nur kleine Schritte zu setzen, aus den Erfahrungen und Fehlern zu lernen, aber dabei vom Ziel nicht abzuweichen: das gute Leben für alle.

Was hindert uns, damit anzufangen?

Maria Jolanta Welfens – Expertin für nachhaltigen Konsum

Wir müssen Konzernen Druck machen, die in Billiglohn-ländern produzieren.

Dr. Maria Jolanta Welfens ist seit 2004 Koordinatorin in der Forschungsgruppe »Nachhaltiges Produzieren und Konsumieren« am Wuppertaler Institut. Seit 22 Jahren arbeitet sie dort, nebenher war und ist sie Mitglied in zahlreichen Vereinigungen, wie etwa dem deutschen Runden Tisch der UN-Dekade »Bildung für nachhaltige Entwicklung«, dem Beirat des Institutes für Nachhaltige Entwicklung in Warschau oder dem Beirat des Institutes für Arbeit und Technik in Gelsenkirchen.
Maria Jolanta Welfens (geb. 1951 in Krakau) studierte in Warschau Volkswirtschaftslehre und Außenwirtschaft, seitdem hatte sie Lehraufträge an den Hochschulen Folkwang, Duisburg und Warschau, sowie viele Forschungsaufenthalte und Stipendien in den mittel- und osteuropäischen Ländern.

EUR L
US L
CA G
CN 180/108
MADE IN
CAMBODIA

Wie kann man als Einzelner die Welt besser machen? Und wie können wir sicher sein, dass es wirklich gut ist, was wir tun?

Maria Jolanta Welfens: Jeder kann die Welt besser machen, der Maßstab dieser Aktivitäten ist sehr unterschiedlich, je nach »Wirkungsgrad« der Person. Als Politiker kann man die Weichen für die Gesellschaft stellen, als Hausfrau oder Hausmann kann man in eigener Umgebung wirken und positive Impulse für eine bessere Welt setzen. Handeln auf Basis von Informationen, Wissen und Erfahrungen bringt Fortschritte. Sicherheit dafür, dass es wirklich gut ist, was wir tun, gibt es nicht.

Aber es gibt einen inneren Kompass, der uns sagt, dass wir die Dinge richtig machen, auch wenn das nicht immer einfach ist und wir die eigene »Komfortzone« verlassen

und z. B. auf Autofahrten oder auch aufs Auto überhaupt verzichten.

Es geht auch darum, sich mehr Zeit zu nehmen,

um auf dem Wochenmarkt und regional bewusster einzukaufen. Die zeitliche Barriere wird besonders deutlich, bedenkt man, dass das Angebot an Konsumoptionen stetig ansteigt und dadurch eine große Verwendungskonkurrenz um die begrenzte Ressource Zeit entsteht.

Reicht es, nur noch nachhaltige Produkte zu kaufen oder müssen wir auch radikal weniger konsumieren? Und würde unsere Wirtschaft auch ohne Wachstum funktionieren?

Wir müssen anders konsumieren: öko-intelligent, verantwortlich, selbstbewusst.

Es geht darum, dass wir insgesamt den eigenen Ressourcen-Fußabdruck klein halten, nicht darum, dass wir nur noch nachhaltige Produkte kaufen.

Ihren eigenen ökologischen Rucksack können Sie berechnen auf der Internetseite des Wuppertal Instituts unter: www.ressourcen-rechner.de
Jeder muss das konkret für sich selbst bestimmen, wir sind unterschiedlich, haben unterschiedliche Bedürfnisse, aber jeder kann eigene Öko-Intelligenz aktivieren und sein Leben ressourcenleicht, öko-effizient und dabei glücklich gestalten.

Die Frage nach dem Wirtschaftswachstum ist nicht einfach zu beantworten, wenn Wirtschaftswachstum weltweit als das alles beherrschende Ziel der Politik und Wirtschaft gilt und als Lösungsstrategie für viele wirtschaftliche und soziale Probleme angesehen wird. Ob die Wirtschaft ohne Wachstum gut funktionieren kann, kann zurzeit empirisch nicht belegt werden. Es gibt kein Land, das ohne Wirtschaftswachstum gut funktioniert und den wirtschaftlichen und sozialen Wohlstand seiner Bürger sichert. Qualitatives Wachstum sollte man betonen.

Die Option einer nachhaltigen Wirtschaft bei Nullwachstum ist bisher nicht bestätigt. Auf der anderen Seite: eine Umsetzung nachhaltigerer Entwicklung in der Wirtschaft muss nicht zwingend mit einer Verringerung des Wirtschaftswachstums bis hin zum Nullwachstum verbunden sein.

Sollten wir generell nicht mehr bei Großkonzernen einkaufen?

Die Großkonzerne beherrschen heutzutage zum großen Teil die Märkte, auf denen wir Produkte und Dienstleistungen kaufen, um unsere Bedürfnisse zu befriedigen: sei es im Bereich Ernährung, Mobilität, Bauen und Wohnen oder Freizeit. Von daher geht es mehr darum, dass die großen Konzerne sich ändern und nachhaltiger aufstellen, dass sie in der gesamte Wertschöpfungskette ihre Produkte nachhaltig und verantwortlich herstellen. Einige Großunternehmen bemühen sich um ein Nachhaltigkeitsprofil.

Nützt es überhaupt etwas, wenn nur wir Konsumenten uns umstellen oder verschleiert es vielleicht sogar das Problem, dass auch auf politischer Ebene etwas geschehen muss?

Es nützt auf jeden Fall etwas, dass wir unseren Konsum und unser Leben nachhaltiger gestalten. Optimal ist es, wenn diese Umstellung mit politischem bzw. bürgerlichem Engagement verbunden ist.

Ist regional kaufen immer besser? Denn wenn wir nur noch »Made in Germany« kaufen, unterstützen wir zwar zum Beispiel die Ausbeutung von Kindern und Arbeitskräften in Indien nicht mehr, aber vielleicht verlieren diese Menschen dann ganz ihre Lebensgrundlage?

Regional einkaufen ist fast immer besser für die Umwelt, denn so sparen wir Ressourcen und Energieaufwand für Transporte. Regional einkaufen gilt als Empfehlung immer für Obst und Gemüse, wobei man zudem saisonale Produkte bevorzugen sollte. Da kann man dann den energetischen Aufwand – verbunden mit Kühlung und Verarbeitung – wirksam minimieren. Es gibt auch eine teilweise vernünftige internationale Arbeitsteilung und deren Vorteile bedeuten höheren Wohlstand bzw. steigendes Pro-Kopf-Einkommen in den am Handel beteiligten Ländern; mit steigendem Einkommen erhöht sich erfahrungsgemäß die politische Nachfrage nach Umwelt.
Einkaufen »Made in Germany« ist meines Erachtens heutzutage in unserer globalisierten Wirtschaft kaum möglich, denn Vorprodukte aus vielen Ländern stecken ja auch in den Produkten »Made in Germany«. Als Konsumenten sollen wir auf jeden Fall auf Öko-Produktkennzeichnung, wie z. B. Rugmark bei Teppichen, achten. Aber wir wissen, das allein reicht nicht.

Wir müssen großen Konzernen, die in Indien, Bangladesh und anderen billigen Ländern produzieren, Druck

machen – nur so erreichen wir, dass die Menschen dort unter sozial würdigen und ökologisch akzeptablen Bedingungen arbeiten können.

Die großen Konzerne Europas sollen immer auch für ihre internationalen Wertschöpfungsketten mit verantwortlich sein.

Juan Llanes-Regueiro – Experte für Wirtschaft und Klimawandel

Unsere Wirtschaft will Wachstum. Aber das steht nicht im Einklang mit der Natur.

Dr. Juan Llanes-Regueiro (Kuba) nahm 2007 zusammen mit anderen internationalen Wissenschaftlern den Friedensnobelpreis für den IPCC entgegen, er war einer der Hauptautoren des 4. und 5. IPCC-Berichts (der »Intergovernmental Panel on Climate Change« ist eine weltweite Plattform von Wissenschaftlern, die ihr Wissen über den Klimawandel zusammentragen).
Juan Llanes-Regueiro (geb. 1943 in Havanna) leitet eine Arbeitsgruppe für Klimawandel an der Universität Havanna. Er studierte Volkswirtschaft in Berlin und Havanna, hatte zahlreiche Lehraufträge und Gastprofessuren in Lateinamerika und Europa. Er arbeitet für die »Wirtschaftskommission der Vereinten Nationen für Lateinamerika« als Experte für die ökonomische Effekte des Klimawandels im karibischem Raum. Er ist Professor am Zentrum für Meeresforschung der Universität von Havanna.

Wie kann man als Einzelner die Welt besser machen? Und wie können wir sicher sein, dass es wirklich gut ist, was wir tun?

Juan Llanes-Regueiro: Wir müssen uns selbst verändern und unsere Gesellschaft. Die Idee, dass ausgerechnet der Mensch den Planeten retten wird, ist unglücklich und zeigt, wie weit die menschliche Egozentrik geht. Die Erde selbst wird es weiterhin geben, daran besteht kein Zweifel, sie wird sich verändern und eine Evolution durchmachen; ob mit oder ohne »Homo Sapiens«.
Was ist unsere Paideia? Eine Paideia bedeutet die Suche nach einem Ideal, und zwar nicht beschränkt auf das, was Vergnügen bereitet und was nicht –

denn bei diesem Ideal geht es um Ethik. Schon bei den alten Griechen war es der Sinn von Bildung, dem Menschen zu ermöglichen, das wahre Lebensziel zu finden.

Als damals Demetrius Poliorcetes die Stadt Megara erobert hatte, wollte er anschließend den Philosophen Stilpo für die erlittenen Verluste entschädigen. Doch Stilpo lehnte dankend ab, mit den Worten »die Paideia hat niemand aus meinem Hause getragen.«[1]

[1] Hanns Pichler, Roland Dillmann (1977): Die Ganzheit von Wirtschaft, Staat und Gesellschaft, S. 213
[2] Werner Jaeger (1989): Die Formung des griechischen Menschen, S. 638

Es ist nicht so, dass materieller Besitz nutzlos oder nicht wünschenswert wäre. Doch für den sokratischen Menschen ist die Paideia »seine innere Lebensform, sein geistiges Sein, seine Kultur.«[2]

Die menschliche Weltanschauung basiert unbewusst auf einer Trennung von Mensch und Natur. Nur so konnte es dazu kommen, dass der Mensch danach strebte, voranzukommen, pausenlos und immer weiter. Albert Gore beschrieb diese Situation in seinem Buch »Earth in the Balance« (1992) als ein gestörtes Verhalten. Die Natur wird als getrennt vom Menschen angesehen, als etwas, das dieser nach Lust und Laune handhaben kann, wann immer er ihre Gesetze versteht. Der Grund dafür ist sein Denken, sein abstrakter Verstand und seine Selbstbeobachtung. Unsere Seele »erscheint« zeitlos und ohne Ursprung, ewig. Das ist auch die kartesische Botschaft; »Ich denke, also bin ich«.

Und was die Frage betrifft, wie wir sicher gehen können, dass es gut ist, was wir tun: Wir können nicht sicher sein – wir können nur sicher sein, dass der momentane Weg uns nicht zum »Guten« führt. Das ist kein wirtschaftliches Thema, es ist ein politisches Thema; ein Thema, das politische und menschliche Weisheit erfordert.

Welche Maßnahmen müssen Politik und Wirtschaft ergreifen, um den Klimawandel in den Griff zu bekommen?

In der Politik ist die Situation alles andere als einfach. Wir haben Präsidenten, Verwaltungen, Koalitionen, Gipfeltreffen und ein bemerkenswertes bürokratisches Gerüst, aber was wir brauchen, sind politische Führungspersönlichkeiten, die im Stande sind, Kräfte zu bündeln und Druck auf die Wissenschaft, die Wirtschaft und die Regierungen auszuüben – nur so können wir einen Umbruch erreichen, der heute noch nicht zu erahnen ist.

Die letzte Generation politischer Führungspersönlichkeiten gab es während und nach dem zweiten Weltkrieg, sowohl in den Industrieländern als auch in den ausgebeuteten Kolonien dieser Zeit. Diese so vielversprechende Kraft ist verloren gegangen. Was unmöglich erschien, wurde damals möglich, wie die Niederlage des Faschismus' vor 70 Jahren.
Jemand sagte einmal, der beste Weg, Probleme zu lösen, sei der demokratische Weg. Ein weiterer vielversprechender Weg zu einer besseren Welt wäre es, die Charta der Vereinten Nationen und das Internationale Recht umzusetzen und sich nicht in die internen Angelegenheiten der Länder einzumischen. Das bezieht sich vor allem auf die sozialen Themen, aber es würde Platz schaffen, um sich wichtigeren Themen widmen zu können, schließlich ist unser Konflikt mit der Natur tiefgreifender. Wir dürfen nicht vergessen, dass die Wissenschaft über den Klimawandel ihre Entstehungszeit von 1820 bis 1900 hatte, mit Svante Arrhenius, aber leider erschien es den damaligen Politikern unwichtig. Bei der Entdeckung der atomaren Kettenreaktion hingegen, bei der enorme Energiemengen freigesetzt werden, dauerte es hingegen nur etwas über 20 Jahre von der theoretischen Entwicklung bis zum Abwurf der ersten Bomben über Hiroshima und Nagasaki. Denn das schien wichtiger zu sein.

Wir brauchen endlich ein globales Klimaabkommen und weitere Umweltabkommen –

und zwar so schnell wie möglich.

Außerdem müssen Politik und Wirtschaft eine Vereinbarung treffen, die beide unter Druck setzt, nach neuen Lösungen zu suchen.
Für die Wirtschaftstheorie ist es ein schwerer Weg. Eine Theorie über das Verhalten des Menschen ist nicht ausreichend, um die Umweltprobleme zu lösen.

Wenn die Natur und die Wirtschaftstheorie, die keine Grenzen für mögliches Wachstum kennt, nicht übereinstimmen – was tun?

Als in den 1970er-Jahren die Berichte des Club of Rome über die Grenzen des Wachstums auftauchten, wurden sie als schlechter Scherz verstanden. Intuitiv wünschen wir uns Wachstum, exponentiell, eine Art moderne Alchimie.
Die Weltbank und der Internationale Währungsfond sind keine geeigneten Institutionen, um die Weltwirtschaft zu lenken. Sie sind Finanzinstitutionen, also eine »fiktive Wirtschaft«, wo Wirtschaft mit Finanzen, Kommerz und Geschäften verwechselt wird.
Das drohende Verschwinden kleiner Inselstaaten ist nicht einfach nur der Preis des wirtschaftlichen Fortschritts, es ist eine Schande.

Wie können wir Politiker unterstützen und ihnen Druck machen?

Wenn man bestimmte Politiker unter Druck setzen will, läuft man Gefahr, dass man als gesetzeswidrig einstuft wird oder zu Einschüchterungsmaßnahmen gegriffen wird.

Wir brauchen eine moralische und universelle Autorität;

vielleicht können es die Oberhäupter der Religionen gemeinsam mit den Vereinten Nationen schaffen, eine »Ökumene« zu erreichen, die uns auf neue Wege führt und leitet.

Welche Veränderungen in unserem Alltag werden wir hinnehmen müssen?

Alles scheint darauf hinzuweisen, dass unsere Kinder die letzten sein werden, die noch in dem Klima unserer Vorfahren leben. Es ist schwer zu akzeptieren, dass der Anstieg des Meeresspiegels, das Verschwinden unserer Trinkwasservorräte und die Energiewende mit großen Risiken unsere Zukunft sein wird, aber alles deutet darauf hin. Es aber geht nicht darum, in Angst zu handeln, sondern darum, vorausschauend zu sein.

Warum ist es so dringend, zu handeln?

Wir sind historisch an einem bisher nie dagewesenen Punkt angelangt, mit einer Ansammlung von Gasen in der Atmosphäre, die noch nie so schnell zugenommen hat. Ich denke, das ist Grund genug, nicht länger zu warten.

Woher weiß ich, ob ich mit Spenden für
Hilfsorganisationen nicht eine korrupte Regierung unterstütze?
Ist Fair Trade immer fair?
Welche Kurse muss die Politik einschlagen?

Entwick-
lungshilfe

Dr. Stephan Klingebiel ist Abteilungsleiter am Deutschen Institut für Entwicklungspolitik (DIE) und Gastprofessor an der Stanford Universität, außerdem hat er Lehraufträge an der Philipps-Universität Marburg. Einer seiner Schwerpunkte ist die Wirksamkeit von Entwicklungshilfe. Er war einer der Hauptautoren des European Report on Development 2013.
Stephan Klingebiel (geb. 1962 in Düsseldorf) studierte in Duisburg Politikwissenschaften, Geschichte und Wirtschaft. Bevor er 1993 an das DIE kam, arbeitete er für das Institut für Entwicklung und Frieden (INEF) der Universität Duisburg-Essen. Von 2007 bis 2011 leitete er das Büro der KfW Entwicklungsbank in Kigali (Ruanda).

Stephan Klingebiel – Experte für Entwicklungspolitik

NGOs leisten in der Entwicklungs-hilfe sehr viel.

Wie kann man als Einzelner die Welt besser machen? Und wie können wir sicher sein, dass es wirklich gut ist, was wir tun?

Stephan Klingebiel: Jeder Mensch hat vielfältige Möglichkeiten, sich für das Gemeinwohl einzusetzen. Das ehrenamtliche Engagement ist dabei aus meiner Sicht ganz wichtig – sei es als Trainer der Jugendmannschaft im örtlichen Fußballverein, die Unterstützung von Flüchtlingen oder älteren Mitbürgern beim Behördengang oder Aktionen zum Schutz bedrohter Tierarten. An vielen Schulen gibt es funktionierende Partnerschaften mit Schulen in Entwicklungsländern, für die sich Schüler mit entwicklungspolitischen Themen auseinandersetzen und etwa durch Kuchenverkauf unmittelbar engagieren. Das eigene Konsumverhalten ist daneben eine wirksame Form, Dinge durch Kaufentscheidungen zu verändern – indem ich etwa auf soziale und ökologische Aspekte beim Kauf von Kleidung achte. Schließlich sollten wir nicht unterschätzen, dass wir auf politische Prozesse Einfluss nehmen können. Ein Problem vieler Bundestagsabgeordneter ist zum Beispiel, dass das Thema Entwicklungspolitik nicht besonders wertgeschätzt wird und nicht als »Karrierethema« gilt.

Wenn wir durch Nachfragen und unser politisches Interesse deutlich machen, dass wir über den eigenen Tellerrand sehen möchten,

hilft es sehr, solchen Themen etwa in Berlin und Brüssel mehr Beachtung zu schenken.

Wie kann ich wissen, ob die Entwicklungspolitik oder die Hilfsorganisationen, die ich unterstütze, wirklich positive Auswirkungen haben? Welche Art der Entwicklungshilfe brauchen wir und welche NGOs halten Sie konkret für unterstützenswert?

Hilfsorganisationen und NGOs leisten sehr viel, um in Katastrophensituationen und bei der Bearbeitung von langfristigen Problemen zu helfen. Jeder hat die Möglichkeit, sich hier zu beteiligen – etwa durch ehrenamtliches Engagement, um über die Aktivitäten einer NGO Aufklärungsarbeit zu betreiben oder indem man diese Organisationen durch Spenden unterstützt.

Das Spendensiegel des DZI hilft uns, sicher zu gehen, dass eine Hilfsorganisation unsere Spenden nicht zweckentfremdet.

(Das DZI ist das Deutsches Zentralinstitut für soziale Fragen). Eine ganz wichtige professionelle Arbeit leisten beispielsweise die kirchlichen Hilfswerke und die Welthungerhilfe. Auch viele konkrete Patenschaften etwa zwischen Kirchengemeinden funktionieren oft wunderbar, gerade wenn die Unterstützung sehr konkret ist und die Partner persönlich bekannt sind. Die Arbeit von NGOs ist wichtig, weil sie Lobbyarbeit für entwicklungspoltische Themen betreiben und konkrete Maßnahmen umsetzen. Die Entwicklungszusammenarbeit von Staaten (wie zum Beispiel Deutschland), der Europäischen Union, den Vereinten Nationen und der Weltbank ist allerdings unverzichtbar. Wenn wir grobe Missstände (etwa gravierende Menschenrechtsverletzungen) beheben wollen, brauchen wir den Druck von diesen Akteuren – das können NGOs in dieser Form nicht leisten. Auch der grundlegende Aufbau von Verkehrsinfrastrukturen etc. in ärmeren Ländern sprengt die Möglichkeiten von spendenfinanzierten NGOs.

Welche Kurse muss die internationale Politik einschlagen? Was ist Global Governance und sind Chancen und Risiken?

Entwicklungspolitik ist ein wichtige Perspektive, wenn es um die Bearbeitung von globalen Problemen geht. Traditionell ging es in der Entwicklungspolitik immer darum, die sozialen und wirtschaftlichen Lebensbedingungen in den Entwicklungsländern zu verbessern. Diese Aufgabe ist weiterhin wichtig. Wir verstehen heute Entwicklungspolitik aus drei Gründen aber sehr viel umfassender:

1. Wir wissen, dass beispielsweise erfolgreiche wirtschaftliche Wachstumsprozesse mit erheblichen ökologischen Problemen verbunden sein können. Solche Zielkonflikte sehen wir in vielen dynamischen Schwellenländern wie China, Indonesien und Brasilien, aber auch in armen oder von Gewaltkonflikten betroffene Staaten wie der Demokratischen Republik Kongo, wo

zum Beispiel der Abbau von Mineralien erhebliche Schäden verursacht.

2. Wir wissen, dass die globalen Rahmenbedingungen sehr wichtig sind. Die internationalen Finanzmärkte und ihre Auswirkungen können etwa nur wirkungsvoll durch globale Regeln und kaum über einzelne Staaten gesteuert werden. Auch für den Umgang mit schweren Menschenrechtsverletzungen oder die Eskalation von Konflikten innerhalb und zwischen Staaten brauchen wir im Sinne von Global Governance funktionierende regionale und globale Ansätze – wie zum Beispiel die Afrikanische Union und die Vereinten Nationen.

3. Die Fokussierung nur auf Entwicklungsländer ist viel zu eng. Der Verbrauch unserer natürlichen Lebensgrundlagen, Probleme von Ungleichheit oder unzureichende Zugänge zu Gesundheitssystemen für alle Bevölkerungsgruppen sind eben auch große Herausforderungen in wohlhabenderen Ländern. Deshalb haben die UN-Mitgliedsstaaten im September 2015 eine Agenda (2030 Agenda) verabschiedet, in der es darum geht, Fehlentwicklungen in allen Ländern der Erde – nicht nur in den armen – zu vermeiden. Das Problem dabei ist, solche allgemeinen Erkenntnisse in konkrete Politikreformen überall umzusetzen, weil zum Beispiel nicht unbedingt jede Regierung der Erde tatsächlich eine Gleichberechtigung der Geschlechter umsetzen möchte.

Ist Fair Trade die Lösung?

Bewusstes Konsumverhalten ist ein wichtiger Schritt, wenn wir etwa an den Kauf von Kaffee, Schnittblumen oder Kleidung denken. Mittlerweile gibt es auch ein Smartphone (»Fairphone«), für das gezielt nur Rohstoffe eingesetzt werden, die nicht die Finanzierung von Bürgerkriegssituationen begünstigen. Die zum Teil kontroversen Diskussionen über Zertifizierungen

und Gütesiegel zeigen, dass sich die Wirkungen solcher Ansätze nicht immer leicht erfassen lassen. Stehen beispielsweise für einen Kaffeeproduzenten die Kosten für ein Zertifizierungsverfahren in einem sinnvollen Verhältnis zum erwarteten Nutzen?
Gleichwohl können uns anerkannte Zertifizierungen und Gütesiegel dabei helfen, bewusstere Kaufentscheidungen zu treffen, um nach Möglichkeit faire und ökologisch nachhaltige Produktionsweisen zu fördern.

In Deutschland etwa bieten die Gütesiegel von Fairtrade und GEPA eine einfache und verlässliche Orientierung

und die Produkte mit diesen Siegeln sind in vielen Supermärkten zu bekommen.

Große Pause in FUNIGA, einer Schule im Hochland von Guatemala. Der Verein Aldea Laura e. V. rief ein Schulprojekt ins Leben, das heute 250 Kindern eine Schulausbildung und täglich eine warme Mahlzeit ermöglicht.

Wie vermeidet man egoistische Denkweisen?
Was bedeutet es, »selbst die Veränderung zu sein«?

Denken

Thomas Campbell (USA) ist Physiker und Bewusstseinsforscher. Er schrieb *Meine große Theorie von allem* (*My big TOE*) – ein Buch, das Logik, Physik, Metaphysik und Philosophie vereint und versucht, auf diese Weise die Realität zu erklären. Darin beschäftigt er sich mit Fragen wie: Wohin dehnt sich das Universum seit dem Urknall eigentlich aus? Wie funktioniert der Plazeboeffekt? Wie hängen Bewusstsein und Gehirn wirklich zusammen?
Thomas Campbell (geb. 1944 in Maryland, USA) studierte Mathematik und Physik, arbeitete als Physiker für den Technischen Geheimdienst der Armee, in der Abteilung für strategische Raketenabwehr, auch als Berater für die NASA. In den 1970er-Jahren stieg er in die Bewusstseinsforschung ein, er begann damit am Monroe Institut in Virginia. Heute hält er Vorträge und Seminare auf der ganzen Welt, über Physik, Metaphysik, Bewusstsein und die Beschaffenheit der Realität.

Thomas Campbell – Experte für Bewusstseinsforschung

Diktatoren zu stürzen ist sinnlos, solange nicht jeder von uns liebevoller wird.

Wie kann man als Einzelner die Welt besser machen? Und wie können wir sicher sein, dass es wirklich gut ist, was wir tun?

Thomas Campbell: Das Problem sind wir. Unsere Welt ist voll von Problemen, die wir größtenteils selbst verursacht haben – dem werden Sie sicher zustimmen. Schauen Sie Nachrichten. Lesen Sie Zeitung. Reden Sie mit Ihren Nachbarn und Kollegen. Werfen Sie einen scharfen Blick auf die Welt, in der wir leben. Angst, Gier, Arroganz, Anspruchsdenken, Unsicherheit und Ärger, unterstützt von einer selbstbezogenen Einstellung, immer nach dem Motto: »Nimm dir so viel, wie du kriegen kannst und gebe dafür so wenig wie möglich.« Das sind natürlich schlechte Nachrichten, aber noch schlechtere sind, dass diese Verhaltensstörung in der Gesellschaft überall vertreten ist, von der Unterschicht bis zur Oberschicht. Ja, lieber Leser, ich rede von Ihnen und mir, genauso wie auch von den meisten anderen.

Wir leben in einem Land der Angst, in dem Geld, Stärke und Macht die Währungen sind, die darüber bestimmen, was man erreichen kann. Meist dreht sich alles darum, für uns und die Unseren Angemessenheit, wenn nicht sogar Vorteile zu erschaffen oder aufrechtzuerhalten. Ichbezogenheit (zuallererst das Ausschauhalten nach dem Spitzenreiter und danach, was und wer zum Spitzenreiter gehört) ist der Schlüssel, um äußerlichen (materiellen) Erfolg zu haben und das Überleben zu sichern, während es schwer, wenn nicht sogar unmöglich ist, inneren Erfolg zu erreichen (Glücklichsein, Zufriedenheit, Freude, Erfüllung) in einer Welt, die von Angst und Egoismus regiert wird. Der Gegensatz dazu ist ein Land der Liebe, wo Fürsorge und Mitgefühl alles bestimmen und es vor allem um die »anderen« geht. Sich auf die anderen zu konzentrieren ist der Schlüssel zu äußerem (materiellen) Erfolg, Überleben ist nie ein Thema. Frieden, Glück und Erfüllung zu finden ist leicht, selbstverständlich

und größtenteils unvermeidbar. Ein Land der Angst ist leicht vorstellbar und leicht zu verstehen, weil wir darin leben und es am eigenen Leib erfahren oder zumindest jeden Tag davon hören. Auf der anderen Seite scheint ein Land der Liebe unmöglich, nicht realisierbar, nicht funktionstüchtig, weil wir uns nicht vorstellen können, wie es funktionert.
Was wir in der Welt sehen, ist unser Spiegelbild. Probleme und Verhaltensstörungen der westlichen Kultur und der Menschheit sind das Ergebnis eines niedrigen Durchschnitts an Bewusstseinsqualität ... genau wie all die individuellen persönlichen Probleme, mit denen wir täglich leben. Wenn wir als Menschheit erwachsen werden, werden sich diese Probleme (persönliche und gesellschaftliche) von selbst lösen, denn unsere Gesellschaft spiegelt uns wider. Sie ist genau das, was wir sind.
Jeder kann die größten »Bösewichte« unter uns aufzählen: eigennützige Regierungen und Politiker, Unternehmen, globale Mischkonzerne, machthungrige Menschen, Organisationen und Einrichtungen, die Armen, die Teilnahmslosen, die Ungebildeten, die so leicht manipulierbar sind, Reiche und Mächtige, die uns alle manipulieren und ausnutzen, um ihre gesellschaftliche, wirtschaftliche und politische Macht zu festigen. Alle hier Aufgelisteten nennen wir »Sie« oder »Die« ... die, die für die ganze Misere verantwortlich sind. Die Gruppe, die außen vor gelassen wird, wenn es ums Aufzählen der Schuldigen geht, sind »wir, die Bürger« ... die kleinen Leute ... die Machtlosen ... die all die Arbeit tun, aber wenig vom Gewinn abbekommen ... die gestressten, überarbeiteten, unglücklichen, unerfüllten kleinen Kreaturen. Ja, ich rede über Sie und mich, diese absolut unschuldigen, unglückseligen Opfer. Kleine Leute und mächtige Leute sind ziemlich genau die gleiche Art von Mensch und sie handeln mit der gleichen Bewusstseinsqualität.

Der einzige Unterschied zwischen den »Unschuldigen« und den Reichen, »Schuldigen« ist, dass letztere reich und mächtig sind.

Das war es, nichts anderes. Gib dem kleinen Durchschnittsbürger Reichtum und Macht und er wird letztendlich mehr oder weniger handeln, wie ein durchschnittlicher reicher und mächtiger Mensch.
Auch sie werden dann ihre Macht nutzen, um ihre Macht zu erhalten und werden nicht allzu wählerisch sein, wie sie das anstellen. Der Punkt ist, dass die »Bösen« sich in keinerlei Hinsicht von dem Rest von uns unterscheiden, nur in der Hinsicht, dass sie schon lange Einfluss, Reichtum und Macht haben – und wir nicht. Die Machthaber und die kleinen Bürger werden immer noch »aus dem gleichen Holz geschnitzt« sein, solange, bis wir, die Menschheit, erwachsen werden – bis die durschnittliche Bewusstseinsqualität deutlich gestiegen ist.

Wenn wir die sozialen Strukturen und Menschen angreifen, die für viele

unserer Probleme verantwortlich sind, ohne auch selbst ein besserer Mensch zu werden, dann werden die Probleme wieder auftauchen,

in der gleichen oder in einer anderen Form. Der erste Schritt ist, aufzuhören, Teil des Problems zu sein. Wenn Sie Ihre Energie in das Mildern der Symptome stecken, dann können Sie sich nicht mehr ganz darauf konzentrieren, das Problem auf lange Sicht zu lösen. Sicher fühlt sich jeder (Opfer sowie Machthaber) gleich einmal besser, weil er gegen die Symptome angekämpft hat – doch diese Wirkung ist nur von kurzer Dauer und das Problem wird möglicherweise nur noch schlimmer.

Nur, wenn die durschnittliche Bewusstseinsqualität von uns Menschen bedeutend steigt, wenn wir erwachsen werden, dann wird dieser Teufelskreis durchbrochen werden (Das Ergebnis von Angst, Egoismus und festgefahrenen Überzeugungen ist das Entstehen von noch mehr Angst, mehr Egoismus und noch festgefahreren Überzeugungen). Und dieses Erwachsenwerden muss in jedem Einzelnen stattfinden. Jeder kann nur sich selbst verändern. Dadurch scheint es eindeutig, wie wir unsere gesellschaftlichen Probleme zu lösen haben. So wie Gandhi sagte: »Sei du selbst die Veränderung, die du dir für die Welt wünschst.« Sie selbst müssen Einsatz zeigen, um erwachsen zu werden. Sie müssen die Verantwortung übernehmen, Ihre Angst, Ihren Egoismus, Ihren festgefahrenen Überzeugungen, Ihre Erwartungen loszulassen. Auf lange Sicht gibt es nur diese eine Möglichkeit.

Bitte verstehen Sie das nicht falsch. Die Auswirkungen eines sozialen Problems zu bekämpfen und zu beseitigen ist eine gute Sache, solange Sie mehr für die Lösung des Problems tun als für das Problem.

Es ist traurig, dass die meisten, die darauf aus sind, die Symptome unserer sozio-politischen Probleme zu lindern, wenig von deren grundlegenden Ursachen verstehen – Angst ist ihre Hauptwaffe, um andere von ihrer Sache zu überzeugen. Sie haben keine Ahnung, dass sie in die Ursache des Problems genauso stark verwickelt sind, wie die Leute, die sie verteufeln. Das Ergebnis ist, dass die Probleme auf diese Weise letztlich gefestigt werden, statt beseitigt. Um die Wahrheit zu erfahren, muss man nur die Geschichte auf lange Sicht beobachten. Alle der grundlegenden sozio-politisch-wirtschaftlich-ethischen Probleme, mit denen die Menschheit seit Jahrtausenden kämpft, gibt es noch – sie haben nur ihr Erscheinungsbild geändert und sich der heutigen Zeit angepasst. Die Gründe sind aber immer noch die gleichen und so verwurzelt und verbreitet wie eh und je.

Wem bewusst wird, dass er selbst Teil des Problems ist, ist in der Verantwortung, nun Teil der Lösung zu werden. Wenn Sie sich also über die sozialen Probleme und ihre Ursachen im Klaren sind, dann sind Sie auch verantwortlich, etwas zu deren Lösung beizutragen. Jeder kann auf seine Weise Teil der Lösung werden. Es gibt dabei buchstäblich Hunderte von nützlichen Ansätzen:

Die Probleme ansprechen und ihre zugrundeliegenden Ursachen und Lösungen in einem vielgelesenen Forum diskutieren (anstatt sich über Symptome auf-

zuregen), mit anderen unter vier Augen darüber zu sprechen oder Geld an Organisationen spenden, die sich mit dem Problem auseinandersetzen. Bei weitverbreiteten sozialen Problemen ist es nicht Ihre Aufgabe, das Problem vollständig zu lösen, da es sich um ein kollektives Problem handelt. Dennoch sollten Sie darauf achten, dass Sie stets mehr zu Lösung als zum Problem beitragen. Auf diese Art tragen Sie letztendlich dazu bei, das Ganze der Lösung näherzubringen. Wie kann man aber innerhalb eines korrupten Systems Veränderungen erreichen? Man muss Geduld haben und Weitsicht. Außerdem muss man ständig Entscheidungen treffen, die der Lösung mehr dienen als dem Problem.

Wenn Ihr Versuch für all das auf Liebe basiert, anstatt auf Angst, Egoismus und festgefahrenen Überzeugungen. Wenn Sie sich sorgfältig all das hier durchlesen, einen Weitblick entwickeln und versuchen, die Positionen, Haltungen, Gefühle aller Seiten zu verstehen und wertzuschätzen. Wenn Sie Ihre eigene Bewusstseinsqualität verbessern (erwachsen werden). Und wenn Sie engagiert sind und ein Umfeld erschaffen, das Menschen dazu bringt, sich selbst in positiver Hinsicht zu verändern (erwachsen zu werden) – dann sind Sie auf dem richtigen Weg, dann geben Sie Ihr Bestes, um die Welt zu verändern … und Ihr positiver Einfluss auf den Rest der Welt wird immer größer werden.

Was bedeutet »die Veränderung sein«?

Es gibt einen Unterschied zwischen Sein und Handeln, zwischen der Wirklichkeit von jemandem und seinem Image, zwischen Wahrheit und Glauben … zwischen dem, was Sie in Ihrem Inneren sind und dem, was Sie zu sein glauben.

Wenn Sie sich in Ihrem Umfeld mehr Fürsorge, Unterstützung, Güte und Freundlichkeit wünschen, dann seien Sie selbst in Ihrem Innersten fürsorglicher, hilfsbereiter, nachsehender und freundlicher – anstatt nur so zu tun. Der Unterschied liegt in der Absicht. Kommt Ihr liebevolleres Verhalten von innen heraus (vom Seinszustand) – »So bin ich eben.« – oder ist es von Ihrem Verstand beabsichtigt – »So möchte ich mich präsentieren, so möchte ich wahrgenommen werden.« Was sich als Erstes ändern muss, sind Sie. Jeder grundlegender Wandel muss zuerst auf Ihrer Seinsebene geschehen. Sie haben die direkte Fähigkeit, (für lange Zeit oder für immer) nur sich selbst zu ändern.

Wie können wir eine egoistische Denkweise vermeiden? Kann Erziehung dabei helfen?

Egoismus und festgefahrene Überzeugungen sind beides Folgen von Angst. Egoismus ist eine Folge von festgefahrenen Überzeugungen. Bei Angst, Egoismus und festgefahrenen Überzeugungen geht es immer um Sie selbst – sie beschreiben Ihre inneren Bedürfnisse und Probleme. Angst und ihre Folgen sind die alleinige Quelle Ihrer Verhaltensstörung, von Schmerz, Sorge, Stress, Verzweiflung, Unbehagen, Ärger und Unzufriedenheit. Beseitigen Sie die Angst aus Ihrem Leben und all diese negativen Aspekte Ihres Lebens werden auch beseitigt werden. Was bleibt, nachdem Sie Ihre Angst loslassen, ist ein entfesseltes Potential an Liebe. Wenn Sie sich in erster Linie auf andere konzentrieren, sind Sie nicht länger in einem endlosen Kreis aus Selbstbezogenheit gefangen. Anstatt die Welt nur durch die kurzsichtige Brille von Angst, Egoismus und festgefahrenen Überzeugungen zu sehen, sehen Sie nun ein größeres Bild, wo jeder und alles miteinander verbunden ist.

»Wir gegen sie« wird einfach zu »wir«.

Der einzige Weg, seine egoistische Denkweise mehr und mehr aufzugeben, ist es, sich von seiner eigenen Angst zu befreien.
Bildung kann unsere Aufmerksamkeit vielleicht zum Problem lenken, Enthusiasmus erzeugen und auf die Lösung verweisen, aber wenig mehr. Wir müssen erstens einen so großen Wunsch haben, uns zu ändern, dass wir bereit sind, hart an uns zu arbeiten. Und zweitens authentisch werden: eine der eigenen Ängste erkennen, sie akzeptieren, sie zugeben und dann den Mut haben, sie in Angriff zu nehmen und loszulassen. Dann die nächste Angst finden und so weiter … bis alle Ängste verschwunden sind.
Sie haben vielleicht Schwierigkeiten, zu verstehen, wie eine Person mit einer hohen Bewusstseinsqualität ist, wenn es sich um ein Konzept handelt, dass bisher nicht zu Ihrer persönlichen Erfahrung zählt. Sie denken vielleicht auch, dass die Entwickung von einer niedrigen zu einer hohen Bewusstseinsqualität schwer sein muss für einen durchschnittlichen Menschen. Dem ist aber nicht so. Es ist dafür nicht nötig, seine Umgebung zu verändern, seinen Beruf oder Lebensstil, oder dafür viel Zeit des arbeitsreichen Tages zu opfern. All diese Wandel finden in uns statt, nicht außen. Und nein, der Wandel zu einer hohen Bewusstseinsqualität macht Sie weder seltsam, noch unsozial, dumm, schwach oder verletzlich – ganz im Gegenteil, er gibt Ihnen Kraft und verbessert Ihre Beziehung zu fast jedem. Anstrengung, Sorgen, Ärger, Stress, Unglücklichsein, Frustration, Enttäuschung, etc. verschwinden aus Ihrem Leben und Freude, Frieden, Glück, Erfüllung, Zufriedenheit etc. fangen an, Ihr Leben zu dominieren. Es gibt keinen Haken.
So, jetzt wissen Sie genau, was Sie zu tun haben (und was Sie nicht tun dürfen), um die Welt zu retten.

Es ist so einfach … alles,

was Sie tun müssen, ist, erwachsen zu werden, und durch Ihr Beispiel andere zu motivieren, es Ihnen gleichzutun.

Die Verwirklichung von diesen Dingen ist alles, was zwischen Ihnen steht und dem Traum, dass wir (der Planet und all seine Kreaturen) eines Tages in Frieden und Wohlstand miteinander leben können.

Aus dem Englischen von Maximilian Wengert und Ann-Kristin Mull

Zusammen-fassung und Links

Langsam beginnen.

Wenn Sie etwas tun wollen, ein ethischeres und nachhaltigeres Leben führen möchten – beginnen Sie mit allem, was Sie leicht umsetzen können und geben Sie sich Zeit. Von heute auf morgen alles zu wollen, lässt einen frustriert werden und die Motivation verlieren. Aber es geht darum, bewusster zu handeln und Durchhaltevermögen zu haben.

Einmischen: Druck machen, Signale setzen und Politik mitgestalten. Wählen.

Wir vergessen oft die Macht, die wir als Verbraucher, Wähler, Konsument, Bürger haben. Dabei gibt es so viele Arten, sich einzumischen und Signale zu setzen; wie wählen gehen, sich an Initiativen beteiligen oder selbst in die Politik gehen, im Laden nach fairen und ökologischen Produkten fragen, bei Politikern nachhaken, uns direkt an unethisch handelnde Unternehmen wenden oder bei ihnen nichts mehr kaufen, etc. Für welche politischen Ziele wir uns einsetzen sollten? Für ein globales Klimaabkommen und klare Regelungen zum Schutz der Umwelt und des Klimas, für neue Stadtstrukturen (die Autos überflüssig machen), für Entwicklungspolitik. Und überlegen Sie sich gut, gegen welche politischen Maßnahmen Sie aufbegehren: Ein Windpark, der in Ihrer Nähe gebaut wird, hilft der Energiewende, eine potentielle Steuerreform, die unökologische Produkte teurer macht, wäre ein wichtiger Schritt in Richtung nachhaltigem Konsum.

Liebevoller werden.

Auf den ersten Blick mag es keine großen Veränderungen in der Welt bewirken, wenn wir unsere Ängste loslassen, liebevoller werden und ein positives Umfeld schaffen. Aber verfolgt man den Gedankengang von Thomas Campbell weiter, ist das sogar die einzige Möglichkeit, wenn man wirklich etwas von Grund auf verbessern möchte. Denn so macht man anderen Mut und Lust, selbst erwachsen und liebevoller zu werden.

Ein nachhaltiges Leben führen.

Hier gibt es Bereiche, die ausschlaggebend sind (im Folgenden mit > gekennzeichnet) und andere, die etwas weniger relevant sind – bei diesen können wir entspannter sein.
Hier finden Sie ein Internetportal für Nachhaltigkeit und einen Ressourcenrechner, mit dem Sie einen anschaulichen Eindruck über Ihre persönliche CO_2-Bilanz erhalten:

www.utopia.de

 www.ressourcen-rechner.de

> Weniger einkaufen. Und anders: möglichst fair, regional, saisonal, umweltfreundlich hergestellt. Oder secondhand.

In jedem Produkt, das wir kaufen, stecken Ressourcen (Herstellungsenergie, Transportwege, virtuelles Wasser) aber auch die Arbeit von Menschen, und wir wissen nicht immer, unter welchen Bedingungen sie stattfindet. Wenn wir mehr und mehr in diesem Bewusstsein einkaufen, verkleinern wir unseren ökologischen Fußabdruck und setzen ein Zeichen für menschliche und faire Arbeitsbedingungen.

Die logische Konsequenz daraus ist zum einen, weniger zu kaufen (Was brauche ich wirklich? Was kann ich leihen, mieten?) und anschließend, nach und nach immer mehr Dinge zu kaufen, die eben möglichst fair, regional, saisonal und umweltfreundlich produziert sind. Dabei helfen uns Gütesiegel, wobei wir uns allerdings an die glaubwürdigen Label halten sollten. Im nächsten Schritt heißt das aber auch: Dinge länger nutzen (besonders Handys und Computer), reparieren, auf Qualität achten und damit die Lebensdauer verlängern. Die einzige Ausnahme bilden hier Haushaltsgeräte, die älter als 15 Jahre sind.

Unter folgenden Links finden Sie einen übersichtlichen Leitfaden für nachhaltigen Konsum (Nachhaltiger Warenkorb), eine Plattform für ökologische Spitzenprodukte (EcoTopTen) und eine Plattform, die

Produkte auflistet, deren Hersteller gezielt Teile einbauen, die nach einer bestimmten Zeit kaputt gehen:

www.nachhaltiger-warenkorb.de

www.ecotopten.de

www.murks-nein-danke.de

> Wenig Autofahren, wenig Fliegen.

Wenn wir jeden Tag 30 Kilometer mit dem Auto zur Arbeit fahren oder einen Langstreckenflug machen, stoßen wir bereits genauso viel oder mehr CO_2 aus, wie wir insgesamt in einem Jahr emittieren dürften, um unsere Erde lebenswert zu erhalten. Und hier ist unser restliches Leben (Heizung, Einkauf, Fleischkonsum, etc.) noch nicht miteingerechnet. Vielleicht fällt es mit diesem Gedanken im Kopf etwas leichter, das Auto immer öfter einmal stehen zu lassen und mit der Bahn oder dem Fernbus zu verreisen. Welche Alternativen gibt es außerdem? Carsharing, Mitfahrgelegenheiten, sich mit Nachbarn ein Auto teilen. Fahrradfahren, E-Bikes – (Anm. d. Hg.: reduzieren Sie gerade als Radfahrer bewusst Ihr Unfallrisiko. Helm und vorsichtiges Fahren verstehen sich von selbst, aber wussten Sie, wie gefährlich es ist, auf einem Radweg eine Straße zu überqueren, weil Sie hier von abbiegenden Autos leicht übersehen werden? – Diese und weitere Informationen, wie Sie mit dem Rad sicher unterwegs sind, finden Sie unter: www.adfc.de)
Machen Sie bei Ihrer nächsten Wohnungssuche die Anbindung an öffentliche Verkehrsmittel und die Nähe zum Arbeitsplatz zu einem wichtigen Kriterium.

Inzwischen kann man übrigens durch Spenden für Klimaprojekte Flüge und CO_2-Emissionen allgemein kompensieren. Die Reihenfolge muss jedoch immer sein: erstens Emissionen vermeiden, zweitens reduzieren und wenn das nicht geht, erst dann können wir es kompensieren.
Unter folgen Links können Sie die CO_2-Emissionen Ihrer Flüge berechnen und mit einer Spende für Klimaschutzprojekte kompensieren, bzw. finden Infos zum Carsharing und Unternehmen in Ihrer Nähe:

www.myclimate.org/de/

www.carsharing.de

> Geringer Energieverbrauch, wenig Wohnfläche pro Kopf. Echter Ökostrom.

Wer zu einem Ökostrom-Anbieter wechseln will, sollte sich nach Gütesiegeln richten, um nicht auf Stromanbieter hereinzufallen, die nur das gesetzlich vorgeschriebene Minimum an erneuerbaren Energien verkaufen. Und: Wer zwar 100% Ökostrom konsumiert, aber dennoch sehr viel Energie verbraucht, lebt nicht nachhaltig. Wirksame und einfache Ideen zum Energiesparen finden Sie auf S. 166 und 167. Achten Sie bei der nächsten Wohnungssuche auf Energieeffizienz, sorgen Sie für Dämmung und tauschen Sie Haushaltsgeräte aus, die älter als 15 Jahre sind.
Unter folgendem Link finden Sie alle grünen Stromprodukte, die mit dem Qualitätssiegel ok-Power ausge-

zeichnet sind (Hier ist gewährleistet, dass tatsächlich neue erneuerbare Energieanlagen gebaut und nicht nur bestehende umverteilt werden.)

www.ok-power.de

> Bio und wenig Fleisch.

Treibhausgase durch die Viehzucht, ein hoher Flächenbedarf durch Futteranbau, Gentechnik, Massentierhaltung, Antibiotika-resistente Keime – gegen all das hilft es, wenn wir unseren Fleischkonsum herunterschrauben und generell auf Bio-Lebensmittel setzen. Im Durchschnitt wäre für uns Deutsche weniger Eiweißkonsum sogar gesünder. Während eine vegetarische Ernährung unseren Nährstoffbedarf bestens decken kann, ist eine vegane Lebensweise aus gesundheitlicher Sicht nicht zu befürworten.
Wenn wir Fisch kaufen, sollten wir vier Regeln beachten: 1. Keine überfischte Art wie etwa Blauflossen-Thunfisch (Atlantik und Pazifik), Gelbflossenthun, Großaugenthun, Hai, Atlantischer Heilbutt, Schwarzer Seehecht, peruanische Sardelle, atlantischer Kabeljau, Rotbarsch, 2. Fisch der Saison (untenstehender Link mit Saisonkalender), 3. selektive Fangmethode, 4. möglichst nahes Gewässer.

www.deutschesee.de (unter der Rubrik „Wissen")

Engagieren oder Spenden: Gesellschaft mitgestalten.

Es gibt unzählige Arten, wie Sie selbst aktiv werden können, für kirchliche Hilfswerke spenden, Aktionen mit Naturschutzorganisationen planen, Menschen aus dem Altenheim vorlesen, als Sozialunternehmer ländliche Gegenden in Entwicklungsländern mit Elektrizität versorgen, und vieles mehr. Hilfsorganisationen leisten extrem viel und beispielsweise das Siegel des DZI hilft Ihnen, sicher zu gehen, dass eine Organisation verantwortungsvoll mit den Spendengeldern umgeht. Auf S. 171 finden Sie eine kleine Auswahl der zertifizierten Organisationen.

www.dzi.de/spenderberatung/

Nutzen statt besitzen.

Ob Auto oder Kettensäge, Zelt oder Waffeleisen, Bierbank oder Rasenmäher: Viele Dinge können wir mieten, leihen oder uns gemeinsam mit Nachbarn anschaffen. Hier finden Sie eine Plattform, auf der man Dinge an andere verleihen kann oder sich selbst Dinge ausleihen kann:

www.leihdirwas.de

Weniger Reisen, aber mit mehr Rücksicht.

Tourismus kann den Naturschutz und die Wirtschaft vor Ort stärken – aber nur, wenn wir mit mehr Rücksicht reisen und unsere Reisen bewusster planen, wenn wir uns für regionale Reiseveranstalter, Geschäfte und Restaurants entscheiden. Darüber hinaus können Sie sich nach Öko-Zertifizierungen umsehen. Trotzdem gilt aus ökologischer Sicht: je weniger Reisen und je kürzere Distanzen, desto besser.

Geld auf ethische Bank.

Ethische Banken oder Umweltbanken unterscheiden sich in Zinsen, Dienstleistungen und Geld-Abhebe-Möglichkeiten kaum von den »normalen« Banken. Ein Bankwechsel ist wenig Aufwand und auch über das Girokonto hinaus gibt es zahlreiche Anlagemöglichkeiten, bei denen Sie sicher sein können, dass Ihr Geld für nachhaltige und ethische Zwecke verwendet wird. Laut utopia.de sind die vier besten »grünen« Banken die UmweltBank, die GSL Bank, die EthikBank und die Triodos Bank. Hier finden Sie weitere Infos:

www.ethik-banken.de

Mehrweg und Recyclen, Papier sparen.

Mit Müllvermeidung schonen Sie die Ressourcen und die Natur. Drucken Sie wenig aus, und wenn, dann zweiseitig. Bereits ab zehn Büchern ist übrigens ein E-Book nachhaltiger als gedruckte Bücher.

Wasser sparen. Natürliche Inhaltsstoffe.

Wiederaufbereitung von Wasser kostet Energie und hat nie einen hundertprozentigen Wirkungsgrad. Darum ist es wichtig, mit Wasser sparsam umzugehen und es nicht zu sehr zu verschmutzen. Dazu gehört auch, dass wir auf natürliche Inhaltsstoffe in Kosmetika, Putzmitteln und anderen Produkten achten.

Energiespartipps

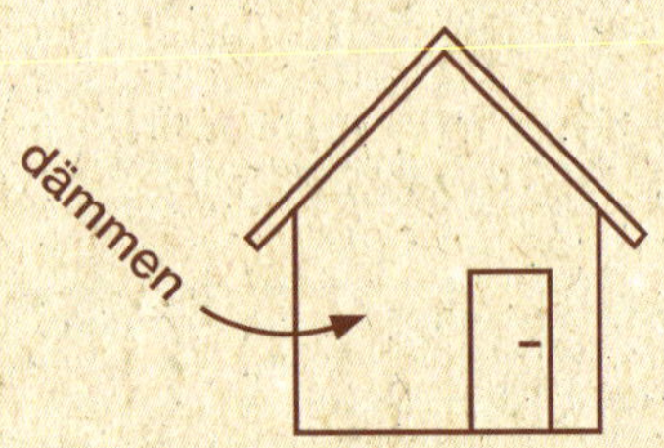

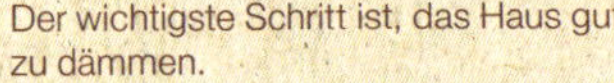
Der wichtigste Schritt ist, das Haus gut zu dämmen.

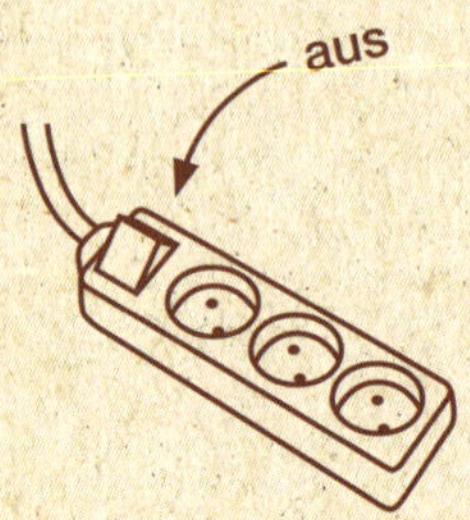

(Stand-by-)Stromfresser nehmen Sie mit abschaltbaren Steckerleisten vom Netz.

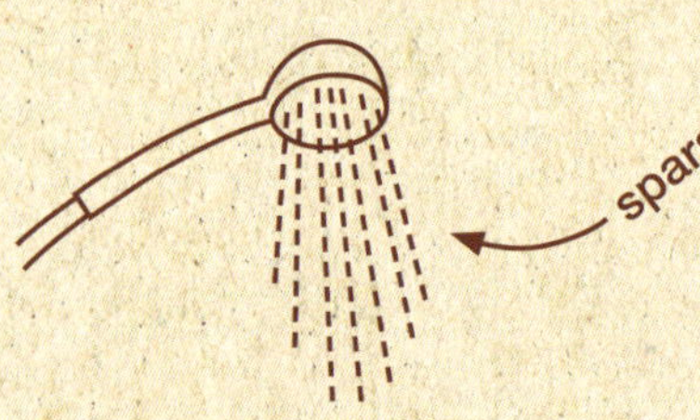

Kaufen Sie Sparbrausen, beschränken Sie die Duschzeit auf ein gesundes Maß.

LEDs halten länger und sind wesentlich effizienter als Glühbirnen.

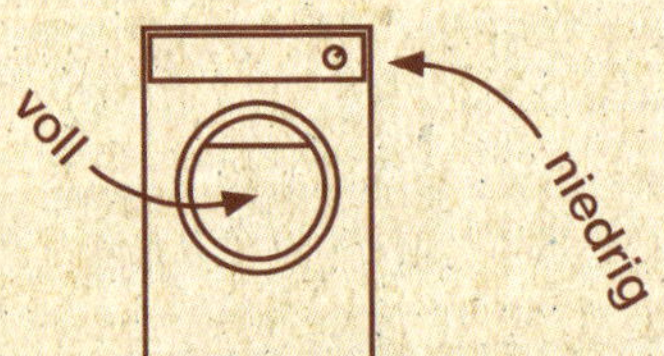

Volle Trommeln und niedrige Temperaturen sparen viel Energie.

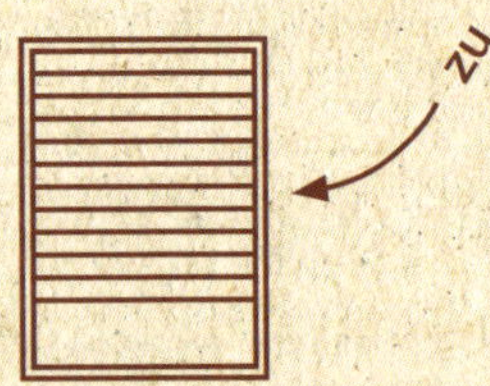

Schließen Sie bei Dunkelheit die Jalousie, reduzieren Sie den Wärmeverlust.

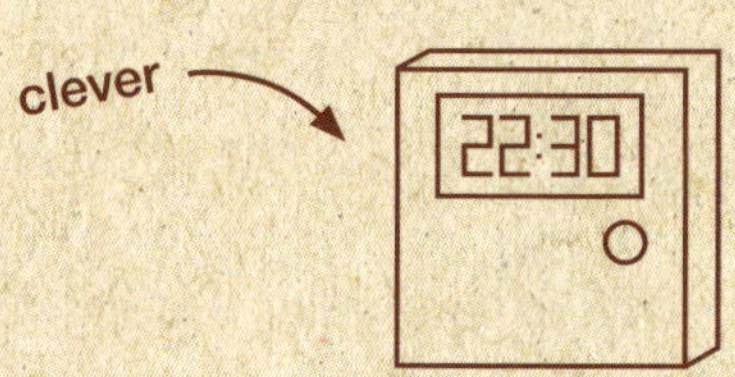

Schalten Sie die Heizung nachts (oder während der Arbeitszeit) mit einer Zeitschaltuhr ab.

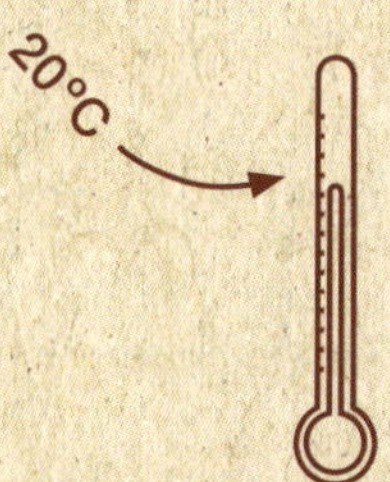

Sparen Sie bewusst jedes Grad, in den meisten Räumen reichen 20 °C.

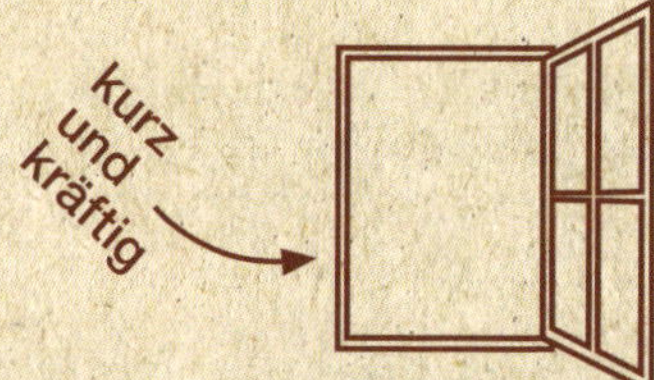

Für ein paar Minuten alle Fenster zu öffnen, tauscht die Luft im Raum aus, ohne die Wände auszukühlen.

gut

Mit einem Wasserkocher erhitzen Sie Wasser schneller als mit einem Topf auf dem Herd – und sparen viel Strom.

Quelle: Utopia.de u. Beitrag von Christof Timpe. Mit freundlicher Genehmigung des Nachhaltigkeitsportals Utopia. Angelehnt an die Illustrationsidee von Miro Poferl.

Eiweißbedarf

Der tägliche Eiweißbedarf liegt bei 0,6 bis 0,8 Gramm pro Kilogramm Körpergewicht (Bei Kindern und älteren Menschen liegt er höher).

Das ergibt also

bei 50 kg	ca. 35 g
bei 60 kg	ca. 45 g
bei 70 kg	ca. 50 g
bei 80 kg	ca. 60 g
bei 90 kg	ca. 65 g

So viel Eiweiß steckt in diesen Lebensmitteln:

20 g Eiweiß in	1 kleines Stück Fleisch / Fisch (100 g)
10 g Eiweiß in	1 Scheibe Edamer / Hartkäse (30 g)
10 g Eiweiß in	1 Ei
10 g Eiweiß in	1 Glas Milch (0,25 l)
10 g Eiweiß in	50g Mozarella
8 g Eiweiß in	1 Würstchen (70 g)
5 g Eiweiß in	1 Becher Joghurt (150 g)
5 g Eiweiß in	50g Bohnen / Linsen / Erbsen
5 g Eiweiß in	50g Reis
4 g Eiweiß in	1 Scheibe Weizenbrot (50 g)
3 g Eiweiß in	1 Scheibe Roggenbrot (50 g)

Quelle Eiweißbedarf: Beitrag von Prof. Dr. Hans Hauner
Quellen Eiweißgehalt:
Maximilian Ledochowski, Hg. (2010): Klinische Ernährungsmedizin, S. 617
Peter Schauder (2006): Ernährungsmedizin: Prävention und Therapie, S. 89
Liane Simmel (2012): Tanzmedizin in der Praxis, S. 199
Anm.: Alle Werte sind aus Gründen der Lesefreundlichkeit gerundet dargestellt.

Obst und Gemüse aus Deutschland: Saisonkalender

Jan

Grünkohl
Rosenkohl
Äpfel
Birnen
Chicorée
Chinakohl
Feldsalat
Kartoffeln
Kürbis
Möhren
Pastinaken
Porree
Rettich
Rote Bete
Rotkohl
Schwarzwurzel
Knollensellerie
Spitzkohl
Steckrüben
Weißkohl
Wirsingkohl
Zwiebeln

Feb

Rosenkohl
Äpfel
Chicorée
Chinakohl
Grünkohl
Feldsalat
Kartoffeln
Kürbis
Möhren
Pastinaken
Porree
Rettich
Rote Bete
Rotkohl
Schwarzwurzel
Knollensellerie
Spitzkohl
Steckrüben
Weißkohl
Wirsingkohl
Zwiebeln

Mär

Äpfel
Chicorée
Chinakohl
Feldsalat
Kartoffeln
Kopfsalat
Bunte Salate
Kürbis
Möhren
Pastinaken
Porree
Rettich
Rhabarber
Rosenkohl
Rote Bete
Rotkohl
Schwarzwurzel
Knollensellerie
Steckrüben
Weißkohl
Wirsingkohl
Zwiebeln

Apr

Porree
Rhabarber
Spinat
Äpfel
Blumenkohl
Chicorée
Chinakohl
Feldsalat
Kartoffeln
Möhren
Pastinaken
Radieschen
Rettich
Rote Bete
Rotkohl
Rucola
Bunte Salate
Kopfsalat
Knollensellerie
Spargel
Weißkohl
Wirsingkohl
Zwiebeln
Bundzwiebeln
Lauchzwiebeln
Frühlingszwiebeln

Mai

Blumenkohl
Brokkoli
Feldsalat
Porree
Radieschen
Rhabarber
Rucola
Spargel
Spinat
Stangensellerie
Bundzwiebeln
Lauchzwiebeln
Frühlingszwiebeln
Äpfel
Erdbeeren
Chicorée
Chinakohl
Eisbergsalat
Endiviensalat
Kartoffeln
Kohlrabi
Möhren
Rettich
Romanasalate
Rote Bete
Rotkohl
Bunte Salate
Kopfsalat
Knollensellerie
Spitzkohl
Weißkohl
Wirsingkohl
Zwiebeln

Jun

Erdbeeren
Johannisbeeren
Blumenkohl
Brokkoli
Chinakohl
Einlegegurken
Schälgurken
Eisbergsalat
Endiviensalat
Erbsen
Feldsalat
Knollenfenchel
Kohlrabi
Porree
Radieschen
Rettich
Rhabarber
Rote Bete
Stangensellerie
Spargel
Spinat
Spitzkohl
Bundzwiebeln
Lauchzwiebeln
Frühlingszwiebeln
Himbeeren
Kirschen, Süß
Chicorée
Kartoffeln
Möhren
Rotkohl
Knollensellerie
Tomaten (wenn aus geschütztem Anbau)
Weißkohl
Wirsingkohl
Zucchini
Zwiebeln

Jul

Aprikosen
Erdbeeren
Heidelbeeren
Himeeren
Johannisbeeren
Kirschen, süß
Kirschen, sauer
Mirabellen
Pfirsiche
Stachelbeeren
Blumenkohl
Bohnen
Brokkoli
Chinakohl
Einlegegurken
Schälgurken
Erbsen
Feldsalat
Knollenfenchel
Kohlrabi
Möhren
Porree
Radieschen
Rettich
Rhabarber
Rote Bete
Rotkohl
Stangensellerie
Knollensellerie
Eisbergsalat
Endiviensalat
Spinat
Spitzkohl
Weißkohl
Wirsingkohl
Zucchini
Bundzwiebeln
Lauchzwiebeln
Frühlingszwiebeln
Zwiebeln
Chicorée
Kartoffeln
Tomaten (wenn aus geschütztem Anbau)

Fett gedruckt = Freilandprodukte, sehr geringe Klimabelastung
Dünn gedruckt = mittlere Klimabelastung (Lagerware oder Anbau in nicht oder nur schwach beheizten Gewächshäusern

Eigene, vereinfachte Darstellung auf Grundlage des Saisonkalenders der Verbraucherzentrale NRW

Obst und Gemüse aus Deutschland: Saisonkalender

Aug

- **Äpfel**
- **Aprikosen**
- **Birnen**
- **Brombeeren**
- **Erdbeeren**
- **Heidelbeeren**
- **Himbeeren**
- **Johannisbeeren**
- **Kirschen, sauer**
- **Kirschen, süß**
- **Mirabellen**
- **Pfirsiche**
- **Pflaumen**
- **Stachelbeeren**
- **Tafeltrauben**
- **Blumenkohl**
- **Bohnen**
- **Brokkoli**
- **Chinakohl**
- **Gurken: Einlege-, Schälgurken**
- **Eisbergsalat**
- **Endiviensalat**
- **Erbsen**
- **Feldsalat**
- **Knollenfenchel**
- **Kohlrabi**
- **Möhren**
- **Porree**
- **Radiccio**
- **Radieschen**
- **Rettich**
- **Romanasalate**
- **Rote Beete**
- **Rotkohl**
- **Rucola**
- **Bunte Salate**
- **Kopfsalat**
- **Knollensellerie**
- **Stangensellerie**
- **Spinat**
- **Spitzkohl**
- **Weißkohl**
- **Wirsingkohl**
- **Zucchini**
- **Zuckermais**
- **Zwiebeln**
- **Bundzwiebeln**
- **Lauchzwiebeln**
- **Frühlingszwiebeln**
- Chicorée
- Kartoffeln
- Tomaten (wenn aus geschütztem Anbau)

Sep

- **Äpfel**
- **Birnen**
- **Brombeeren**
- **Erdbeeren**
- **Pflaumen**
- **Stachelbeeren**
- **Tafeltrauben**
- **Blumenkohl**
- **Bohnen**
- **Brokkoli**
- **Chinakohl**
- **Einlegegurken**
- **Schälgurken**
- **Eisbergsalat**
- **Endiviensalat**
- **Erbsen**
- **Feldsalat**
- **Knollenfenchel**
- **Kohlrabi**
- **Kürbis**
- **Möhren**
- **Pastinaken**
- **Porree**
- **Radiccio**
- **Radieschen**
- **Rettich**
- **Romanasalate**
- **Rote Bete**
- **Rotkohl**
- **Rucola**
- **Bunte Salate**
- **Kopfsalat**
- **Schwarzwurzel**
- **Knollensellerie**
- **Stangensellerie**
- **Spinat**
- **Spitzkohl**
- **Steckrüben**
- **Weißkohl**
- **Wirsingkohl**
- **Zucchini**
- **Zuckermais**
- **Zwiebeln**
- **Bundzwiebeln**
- **Lauchzwiebeln**
- **Frühlingszwiebeln**
- Chicorée
- Kartoffeln
- Tomaten (wenn aus geschütztem Anbau)

Okt

- **Äpfel**
- **Brombeeren**
- **Quitten**
- **Tafeltrauben**
- **Blumenkohl**
- **Bohnen**
- **Brokkoli**
- **Chinakohl**
- **Grünkohl**
- **Erbsen**
- **Feldsalat**
- **Knollenfenchel**
- **Kohlrabi**
- **Kopfsalat, Bunte Salate**
- **Kürbis**
- **Möhren**
- **Pastinaken**
- **Porree**
- **Radiccio**
- **Radieschen**
- **Rettich**
- **Romanasalate**
- **Rosenkohl**
- **Rote Bete**
- **Rotkohl**
- **Rucola**
- **Schwarzwurzel**
- **Knollensellerie**
- **Stangensellerie**
- **Spinat**
- **Spitzkohl**
- **Steckrüben**
- **Weißkohl**
- **Wirsingkohl**
- **Zucchini**
- **Zuckermais**
- **Zwiebeln**
- **Zwiebeln**
- **Bundzwiebeln**
- **Lauchzwiebeln**
- **Frühlingszwiebeln**
- Birnen
- Erdbeeren
- Chicorée
- Kartoffeln

Nov

- **Quitten**
- **Blumenkohl**
- **Brokkoli**
- **Chinakohl**
- **Grünkohl**
- **Feldsalat**
- **Knollenfenchel**
- **Kürbis**
- **Möhren**
- **Pastinaken**
- **Porree**
- **Radiccio**
- **Radieschen**
- **Rettich**
- **Romanasalate**
- **Rosenkohl**
- **Rote Bete**
- **Rotkohl**
- **Rucola**
- **Schwarzwurzel**
- **Knollensellerie**
- **Stangensellerie**
- **Spinat**
- **Spitzkohl**
- **Steckrüben**
- **Weißkohl**
- **Wirsingkohl**
- **Zwiebeln**
- **Bundzwiebeln**
- **Lauchzwiebeln**
- **Frühlingszwiebeln**
- Äpfel
- Birnen
- Chicorée
- Kartoffeln
- Kohlrabi
- Kopfsalat, bunte Salate
- Zwiebeln

Dez

- **Grünkohl**
- **Porree**
- **Rosenkohl**
- Äpfel
- Birnen
- Chicorée
- Chinakohl
- Kartoffeln
- Kürbis
- Möhren
- Pastinaken
- Rettich
- Rote Bete
- Rotkohl
- Schwarzwurzel
- Knollensellerie
- Spitzkohl
- Steckrüben
- Weißkohl
- Wirsingkohl
- Zwiebeln

Zertifizierte Hilfsorganisationen

Diese 11 und rund 220 weitere Organisationen tragen das Spendensiegel des Deutschen Zentralinstituts für soziale Fragen (DZI). Kriterien für das Siegel sind ein verantwortungsvoller Umgang mit den Spendengeldern, Transparenz und das Erfüllen von weiteren Qualitätsstandards des DZI.
Alle Logos in monochromer Variante dargestellt.

Geprüfte Siegel

Anmerkung: Alle vorverpackten Bio-Lebensmittel, die in der EU einen Verarbeitungsschritt erfahren, müssen mit diesem EU-Bio-Logo, dem Kontrollstellencode und der allgemeinen Herkunftsbezeichnung der Zutaten gekennzeichnet sein. (Quelle: www.oekolandbau.de)

Dies ist eine Auswahl von sozialen und ökologischen Siegeln, die der Rat für Nachhaltige Entwicklung der Bundesregierung auf Glaubwürdigkeit geprüft hat. Alle Logos sind hier in einer monochromen Variante dargestellt.
Quelle: www.nachhaltiger-warenkorb.de

Buchtipps

Tipps für einen umweltfreundlichen Alltag

50 einfache Dinge, die Sie tun können,
um die Welt zu retten und wie Sie dabei Geld sparen
Andreas Schlumberger, Frankfurt am Main 2013

Auf keine falschen Gütesiegel hereinfallen

Die Öko-Lüge.
Wie Sie den grünen Etikettenschwindel durchschauen.
Stefan Kreuzberger, Berlin 2009

Aktuelles zum Umweltschutz

Greenpeace Magazin
Hamburg, www.greenpeace-magazin.de

Müllvermeidung – Experiment Plastikfrei

Plastikfreie Zone:
Wie meine Familie es schafft, fast ohne
Kunststoff zu leben
Sandra Krautwaschl, München 2012

Ehtischer Lebensstil – Selbstversuch

Fast nackt.
Mein abenteuerlicher Versuch, ethisch
korrekt zu leben
Leo Hickman, München 2006 (Originalausgabe: London 2005)

Welche Großkonzerne ethisch handeln

Wie fair sind Apple und Co.?
50 Weltkonzerne im Ethik-Test
Frank Wiebe, Zürich 2013

Ethische Geldanlage

Das gute Geld.
Ethisches Investment. Hintergründe und Möglichkeiten
Dr. Klaus Gabriel und Markus Schlagnitweit, Innsbruck 2009

Als Sozialunternehmer die Welt verändern

Die Welt verändern.
Social Entrepreneurs und die Kraft neuer Ideen.
David Bornstein, Stuttgart 2005 (Originalausgabe: New York 2004)

Entwicklungspolitik ausführlich

Lern- und Arbeitsbuch Entwicklungspolitik.
Eine grundlegende Einführung in die zentralen entwicklungspolitischen Themenfelder Globalisierung, Staatsversagen, Armut und Hunger, Bevölkerung und Migration, Wirtschaft und Umwelt.

Dr. Franz Nuscheler, Bonn 2012
(7., völlig neu bearbeitete Auflage)

Anmerkungen:

Alle Experten haben ursprünglich unentgeltlich an dem Buchprojekt teilgenommen. Dafür an dieser Stelle nochmals einen herzlichen Dank. Die Beiträge entstanden im Zeitraum von April bis November 2015.
Ich habe mir aus Gründen der Lesefreundlichkeit erlaubt, auf Gender-Differenzierungen zu verzichten; zumal ich mich außerdem als Frau mit »Kunde« oder »Wähler« ebenso angesprochen und wertgeschätzt fühle wie mit »Kundinnen und Kunden« oder »WählerInnen«. Die Experten selbst haben diese Termina in ihren Texten jedoch verwendet.
Die in diesem Buch aufgelisteten Links wurden von mir mit Sorgfalt ausgewählt, dennoch kann aufgrund der Schnelllebigkeit des Internets keine Haftung für deren Inhalt übernommen werden. Buch-, Link- und Siegelauswahl traf ich auf Basis der Expertenbeiträge, Überschriften und Hervorhebungen wurden ebenfalls von mir gewählt, in Absprache mit dem jeweiligen Autor.
Dieses Buch ist ein Buch und kein E-Book, auch wenn es seinem eigenen Inhalt zu widersprechen scheint. Der Grund ist, dass ein Buch, das man in die Hand nehmen und später ins Regal stellen kann, besser in Erinnerung bleibt und man eher dazu neigt, nochmals etwas darin nachzuschlagen. Es wurde klimaneutral und nach dem Cradle-to-Cradle-Prinzip produziert, darüber hinaus ist es auf umweltfreundlichem Papier und mit mineralölfreien Farben gedruckt. In allen bekannten Shops (mit Ausnahme des iBooks Store) ist es auch als ePDF zu erwerben.
Die Wissenschaft um Ökologie und Nachhaltigkeit unterliegt fortwährender Entwicklung. Trotz aller Sorgfalt können Aussagen, die hier als richtig dargestellt werden, in einigen Jahren als überholt gelten. Darüber hinaus handelt es sich um teils hochkomplexe Zusammenhänge, bei denen es stets Aspekte gibt, die sich unter Umständen unterschiedlich darstellen lassen.

Bildquellen:

Das Titelbild machte Martin Walser für den Verein *together – Hilfe für Indien*, einen Verein, der in Indien Schulen, Brunnen und Krankenstationen baut.

Porträts: R. Grießhammer: © Öko-Institut e. V., U. Schrader: © Boris Buchholz, H. Hauner © Richard Tobis / TUM, M. J. Caballero: © Mario Gómez, H. Hoffmann: © privat, S. Krautwaschl: © privat, A. Fath: © Braxart / Hochschule Furtwangen, C. Timpe: © Öko-Institut e. V., J. Fahnestock: © privat, A. Friedrich: © Daniel Friedrich, L. Ellenberg: © Klaus Elle, K. Gabriel: © Aleksandra Pawloff, M. J. Welfens: © Sabine Michaelis, VisLab / wupperinst.org, J. Llanes-Regueiro: © Richard, S. Klingebiel: © Barbara Formmann, T. Campbell: © privat.

S. 30 © Hanspeter Bolliger / pixelio.de
S. 69 © Stadtentwässerung und Umweltanalytik Nürnberg, Susanne Vogel
S. 87 © Katharina Wieland Müller / pixelio.de
S. 107 © Fraport AG
S. 131 © Versonnen / pixelio.de
S. 139 © Eberhard Nusch / Aldea Laura e. V.

Fairtrade-Logo: Transfair e. V.

© Ann-Kristin Mull: S. 24, S. 42, S. 62, S. 94, S. 100, S. 120, S. 151, S. 174.

Ich danke

María José Caballero, Thomas Campbell, Ludwig Ellenberg, Jesse Fahnestock, Andreas Fath, Axel Friedrich, Klaus Gabriel, Rainer Grießhammer, Hans Hauner, Hartmut Hoffmann, Stefan Klingebiel, Sandra Krautwaschl, Juan Llanes-Regueiro, Ulf Schrader, Christof Timpe und Maria Jolanta Welfens für die wunderbaren Beiträge.

Max Ackermann und Peter Krüll für die großartige Hilfe und Beratung.

Meinen Eltern, Corinna Schrätz, Maximilian Wengert, Max M., Christoph Schaden, Martin Walser und together, Eberhard Nusch und Aldea Laura e. V., Adela Alavez, Harald Bauer, Kerstin Stübs und allen anderen, die mich bei dem Projekt unterstützt haben.

Olga Witt

EIN LEBEN OHNE MÜLL

Mein Weg mit Zero Waste

2017, 270 Seiten
Klappenbroschur, 14,8 × 21 cm
18,95 € [D/A]
978-3-8288-3843-7

Auch als E-Book erhältlich

Ohne Müll leben zu wollen, hat Olga Witts Leben revolutioniert. In ihrem spannenden Bericht schildert die weitgereiste Autorin, was der möglichst totale Verzicht auf Müll bedeuten kann. In ihrem Fall einen neuen Partner samt dessen drei Kindern, einen neuen Job und ein komplett neues Leben. Denn »Zero Waste« bedeutet in unserer Gesellschaft vor allem eines: das permanente Abenteuer, ein müllfreies Leben »wiederzufinden«: in den Erfahrungsschätzen früherer Generationen, den Neuerfindungen der Gegenwart und in Inspirationen, die andere Kulturen bereithalten. So wird aus Witts Erfahrungen mit der Müllvermeidung ein faszinierender Reisebericht in ein neues und besseres Leben. »Ein Leben ohne Müll« ist ein mit vielen praktischen Tipps ausgestattetes Hand- und Mutmachbuch für alle, für Singles, Paare und Familien, die dem alltäglichen Müll Stück für Stück Lebewohl sagen wollen.

Olga Witt, geb. 1983, ist gelernte Architektin und lebt mit ihrem Mann und vier Kindern in Köln. Sie ist Mitbegründerin des ersten verpackungsfreien Ladens der Stadt (»Tante Olga«), betreut den Blog »zerowastelifestyle« und leitet Workshops zum Thema. Seit Juni 2016 macht das Ehepaar Witt darüber hinaus täglich neue Erfahrungen mit einem »Zero-Waste-Baby« – ihrem ersten gemeinsamen Kind.

Astrid Sara Nave

BIO-NAHRUNGSMITTEL FÜR ALLE ... ?

Trendentwicklungen der Biobranche

2009, 124 Seiten
Paperback, 14,8 × 21 cm
24,90 € [D/A]
978-3-8288-2068

Auch als E-Book erhältlich

Die Bionahrungsmittelbranche boomt. »Bio für alle« und ähnlich lauten die Slogans der Supermärkte, welche die angeblich nachhaltigen und gesünderen Nahrungsmittel längst in ihrem Sortiment, oft Seite an Seite mit konventionellen Angeboten, aufgenommen haben. Nur ein Trend, oder die Lösung für die sich wechselseitig beeinflussenden Problematiken der Nahrungsmittelsicherheit und Nachhaltigkeit? Wo liegen die Grenzen aber auch Chancen einer ökologischen Nahrungsmittelproduktion? Warum ist sie nicht unbedingt nachhaltig an sich, welche Rolle spielen eigentlich soziale Werte und was hat das kapitalistische Wirtschaftssystem damit zu tun? Diesen und weiteren Fragen geht Astrid Nave auf den Grund, indem sie die Entwicklung der ökologischen Nahrungsmittelproduktion diskutiert und ihre Mängel, aber auch Vorzüge darlegt.

Norbert Nicoll

ADIEU, WACHSTUM!

Das Ende einer Erfolgsgeschichte

2016, 432 Seiten
Klappenbroschur, 15,5 × 22,5 cm
18,95 € [D/A]
978-3-8288-3736-2

Auch als E-Book erhältlich

Norbert Nicoll liefert eine reichhaltige, kritische Darstellung der kapitalistischen Wachstumsidee. Er macht anschaulich, wie diese historisch entstanden ist, wie sie einen kleinen Teil Privilegierter reich gemacht hat und uns nun in eine Klima-, Energie- und Ressourcenkrise führt. In einer Tour de Force bringt er uns Fakten aus Ökologie, Ökonomie, Soziologie, Geologie, Geschichts- und Politikwissenschaft nahe. Dabei erstellt er nicht nur eine eindrucksvolle Negativbilanz von Umweltzerstörung, Klimawandel, Ressourcenverbrauch und sozialer Spaltung. Er gewinnt daraus zugleich Ansätze für eine nachhaltige und menschenfreundliche Metamorphose der Wachstumsidee und macht plausibel: Wachstum und Wohlstand können und müssen entkoppelt werden, um unseren Planeten zukunftsfähig zu machen. Die Zeit des Bruttoinlandsprodukts (BIP) ist abgelaufen, lasst uns gut leben statt unendlich wachsen!

Norbert Nicoll ist promovierter Politikwissenschaftler und lehrt an der Universität Duisburg-Essen zur Nachhaltigen Entwicklung. Auch als Sachbuchautor und Attac-Mitglied treibt ihn die Frage nach der Zukunftsfähigkeit westlicher Gesellschaften um. Der 35-Jährige lebt in Belgien nahe der deutschen Grenze.

Frank Niessen

ENTMACHTET DIE ÖKONOMEN!

Warum die Politik neue Berater braucht

2016, 168 Seiten
Klappenbroschur, 14,8 × 21 cm
17,95 € [D] / 18,50 [A]
978-3-8288-3623-5

Auch als E-Book erhältlich

Warum scheitern Ökonomen seit Jahrzehnten bei dem Versuch, entscheidend zur Beseitigung von Massenarbeitslosigkeit, Armut und extremer Ungleichheit beizutragen? Warum predigen sie Wachstum, obwohl jeder weiß, dass die Ressourcen unserer Erde endlich sind? Und warum – so die Studie zweier IWF-Ökonomen – haben sie keinen einzigen wirtschaftlichen Einbruch der letzten Jahrzehnte vorhergesehen? Frank Niessen beleuchtet die Ursachen für das Versagen der etablierten Wirtschaftswissenschaft und zeigt, dass wir die Grundfragen unserer wirtschaftlichen Ordnung auf keinen Fall den herrschenden Ökonomen überlassen dürfen. In anschaulicher Sprache führt er uns auf ein Feld, auf dem unsere Zukunft zum Besseren oder Schlechteren entschieden wird und liefert streitbare Überlegungen zur globalen Bekämpfung der Armut wie auch zum wirksamen Schutz der natürlichen Umwelt.

Trotz Studienbestnoten und einer Promotion in VWL wandte sich *Frank Niessen* (Jg. 1981) als Mittzwanziger vom akademischen Betrieb ab. Er fand die Grundlagen seiner Disziplin zunehmend fragwürdig. Erst die Tatsache, dass kaum ein Ökonom die Finanzkrise 2008 vorhergesehen hatte, brachte den freien Autor und Lehrer zu seinem alten Forschungsfeld zurück. Niessen lebt mit Familie im belgischen Eupen.